내 아이를 살리는
환경 레시피

내 아이를 살리는 환경 레시피

1판 1쇄 발행 2023년 4월 18일

글 · 그림 박현진
펴 낸 이 신혜경
펴 낸 곳 마음의숲

대 표 권대웅
편 집 김도경 윤소현
디 자 인 유미소
마 케 팅 조아라

출판등록 2006년 8월 1일(제2006-000159호)
주 소 서울특별시 마포구 와우산로30길 36 마음의숲빌딩(창전동 6-32)
전 화 (02) 322-3164~5 팩스 (02) 322-3166
이 메 일 maumsup@naver.com
인스타그램 @maumsup
용지 (주)타라유통 인쇄·제본 (주)에이치이피

ISBN 979-11-6285-134-0 (03590)

* 값은 뒤표지에 있습니다.

내 아이를 살리는

환경 레시피

박현진 글 · 그림

지구 환경을 위한 어느 패션 디자이너 엄마의 결심

작가의 말

퇴사 후 직접 그린 패턴으로 제작한 패브릭 소품을 소량씩 판매하였다. 브랜드명은 '고마워숲'이라는 뜻을 가진 프랑스어 '메르시 라 포레'이다. 숲은 다양한 생명체가 공존하는 작은 지구라고 볼 수 있고, 우리는 자연에 많은 도움을 받고 있으니, 그 고마움을 표현하고자 이렇게 지었다.

환경단체나 꽃집 이름도 아닌데 왜 브랜드명을 '메르시 라 포레(고마워숲)'라고 지었을까? 브랜드명은 프린트나 자수, 라벨 등의 형태로 제품의 한구석을 조그맣게 차지한다. 사용자는 제품을 사용하다 문득 브랜드의 로고를 보게 될 것이다. 그때 아무 생각이 안 드는 사람도 있겠지만, 셋 중 한 명 정도는 이름이 지닌 의미를 생각해 볼 수 있지 않을까? 사실은 내가 그 셋 중 한 명이고 싶었다. '고마워숲'이라는 뜻을 가진 브랜드를 꾸려가면 생활 속에서 지구에 해가 되지 않는 방향으로 선택할 것 같았다. 브랜드명은 공방의 상호로, 나의 SNS 닉네임으로 이어졌다. 채식 역시 여러 가지 선택지 중 지구에 덜 해로운 쪽이라고 생각해서 시작하게 됐다.

하루에도 수십 번 우리는 선택을 하게 된다. 장바구니에 햇반을 담을지, 철원에서 재배된 무농약 쌀을 담을지. 각종 합성첨가물이 들어있는 소시지를 담을지, 강원도에서 무농약으로 재배된 감자를 담을지. 방부제가 들어간 합성펄프의 일회용 물티슈로 아이 입을 닦아줄지, 빨아 써야 하는 손수건으로 아이 입을 닦아줄지. 순간순간 선택의 연속이다. 이때 나만의 기준을 정해놓으면 선택이 쉬워진다. 나의 기준은 '내 아이가 살아갈 지구에 유해한가'이다.

우리의 어린 시절과는 달라도 너무 달라진 지금, 예쁜 아이들의 얼굴을 반쪽만 본 지 오래된 지금. 코로나 이전에는 미세먼지로 외출 때마다 마스크를 써야 했고, 코로나 이후로는 유치원에서도 내내 마스크를 착용해야 했던 우리 아이들의 예쁜 얼굴을 조금이라도 더 온전히, 더 오래 볼 수 있도록 엄마로서 뭐라도 하고 싶었다.

햇반을 박스로 사 놓고, 냉동식품으로 냉동고를 채우고, 일회용 플라스틱에 담긴 반찬과 배달 음식이 당연시되는 시대가 안타깝고 속상했다. 채식이 어렵다고 생각해서, 실패할까 두려워서, 다른 사람들의 시선이 무서워서 시도조차 않는 사람들이 많다. 불완전하지만 비건을 지향해 가는 내 과정을 공유해서 불완전해도 간헐적이어도 평소보다 줄이는 것만 해도 괜찮다고, 나와 비슷한 생각을 가진 사람들을 응원하고 싶었다. 채소를 더 맛있게 먹을 수 있고 집밥이 더 간편해지는 방법을 공유했다. 텀블러 장바구니 사용을 권장하는 콘텐츠를 올리고, 채식 관련 제품을 알리는 등 사람들이 조금이라도 지구에 무해한 선택을 할 수 있도록 돕고 싶었다. 나같이 게으르고 살림 못 하는 사람도 이런저런 시도를 하고 있으니 당신도 할 수 있다는 메시지가 더 많은 사람에게 닿길 바랐다. 내가 조금 더 영향력 있는 사람이 된다면 가능하지 않을까? 내가 하는 이야기에 날개를 달아줄 수 있도록.

환경을 위하는 선택은 곧, 사람에게 이로운 선택이다. 일회용 플라스틱의 사용을 줄이면 지구에 쓰레기를 덜 남기게 되고, 사람은 몸에 환경호르몬을 덜 축적하게 된다. 육식을 줄이면 지구에 탄소를 덜 배출하고, 사람은 더 건강해진다.

나 한 사람의 선택은 쓸모없을 것 같았던 때가 있었다. 나 혼자 이런다고 달라질 건 없을 것 같았다. 그런데 다시 생각해 보니 나는 혼자가 아니었다. 나 같은 사람이 여러 명 있다면? 그땐 얘기가 달라진다. 나의 선택은 흩어져 있는 티끌이 아닌 태산 속의 티끌이다.

어떤 선택이 나에게, 내 아이에게, 내 가족에게, 우리가 발을 딛고 있는 이 땅에 이로울 수 있을까? 아무도 선택을 강요하지는 않는다. 내가 정해놓은 기준이나 가치에 부합하도록 내가 선택하는 것이다. 반복된 선택의 결과는 어쩌면 꽤 희망적일 수도 있다.

차례

작가의 말 4

1부 내 아이를 위한 채식 레시피

볶음밥이 쉽고 고급스러워지는 대파오일 14
소가 안 들어가도 맛있고 건강한 가자미 미역국 16
자투리 채소로 바삭한 채소전 18
기본 채소로 맛을 낸 채소 수프 20
베이컨, 치즈 없이도 맛있는 비건 알배추 스테이크 22
줄 서는 맛집 샐러드를 집에서 비건 포케 샐러드 24
오이와 환상궁합 크래미 샌드위치 26
만들어서 바로 먹는 더 건강한 오이절임 28
더 쉽고, 더 맛있고, 더 그럴싸하게 넓적 당근라페 30
쉽고 간편한 아보카도 샐러드 과카몰리 32
상큼 고소 든든 병아리콩 샐러드 34
항산화물질이 가득 캐슈너트 밀크 36

2부 내 아이를 위한 환경 운동

샤넬백 대신 에코백을 들며 41

육아 필수품이 된 물티슈와 지퍼 백 47

공유경제를 이용한 장비 빨 육아 54

국민 육아 템 다시 생각해 보기 60

헌책 줄게 헌책 다오 65

아이의 장난감을 판매한 돈은 아이에게 72

엄마의 도시락과 소풍 77

캠핑 후 아이는 쓰레기 헌터가 됩니다 82

당신에게 달린 멸균팩의 두 번째 쓰임 87

엄마의 마음까지 개운해지는 소창 행주 91

브라보, 마이 플라스틱 프리 세제 라이프 95

외출할 때만 마실 수 있어! 레토르트 파우치 음료 101

흔들리는 꽃들 속에서 네 비누 향이 느껴진 거야 104

3부 내 아이를 위한 제로 웨이스트

환경과 건강 두 마리 토끼를 다 잡을 수 있는 스테인리스 팬 111

줄이기 위한 소비 117

매일 쓰는 거니까 자연에 가까운 소재로 122

찝찝함 줄이는 밀키트 없는 캠핑 131

쓰레기 없는 엄마의 비건 홈 카페 137

수업 준비물은 에코백과 텀블러입니다 143

미세플라스틱 없이 더 건강한 보리차 147

곶감과 생리컵 152

최소한의 화장품으로 가벼워지는 바디버든 160

네일 말고 내일에 소비 164

옷장은 가득 차 있는데 입을 옷은 없어 168

미니멀리스트와 제로 웨이스트는 같은가? 반대되는가? 175

4부 엄마라서 채식합니다

매일 버터를 먹던 내가 채식을 하게 된 이유 181

아이에게 비건 식사, 영양면에서 괜찮을까? 186

엄마의 비건은 왜 비난 받아야 하나요? 190

선택은 아이 몫으로 195

알레르기가 있어서 다행인지도 몰라 200

아이와 함께 비건 요리를 203

캠핑장에서 고기를 먹지 않아요 210

남편의 지지가 있어 가능한 엄마의 비건 216

소수를 위한 옵션—육식으로 편중된 한국의 외식문화 220

엄마니까 공장식 비건이 아닌 자연식을 추구합니다 225

과정이 사라진 육식—보기좋게 포장된 육가공품들 231

다른 생명을 대하는 태도—님아 그 동물원에 가지마오 235

비건 제품은 모두 친환경인가요? 240

비건은 적어도 내 의지로 가능하지 않을까? 246

본문에서 인용한 책 251

1부

내 아이를 위한 채식 레시피

볶음밥이 쉽고 고급스러워지는

대파오일

대파 한 단은 왜 이리 많은지. 관리하는 게 일이다. 한번 사 오면 삼분의 일은 썩혀 버리기 일쑤다. 그래서 고민한 것이 대파오일! 허브오일처럼 대파로 오일을 만들어놓자. 대파오일로 만든 음식은 파기름을 낸 후 만든 음식과는 미묘하게 다른 맛이었지만, 풍미가 있고 음식 맛이 고급스러워지는 느낌이었다. 이 레시피를 영상으로 찍어 인스타그램에 공유하였다. 처음에 2만 뷰가 나왔을 때 너무 놀랐는데 계속해서 사람들이 공유하더니 지금은 82만 뷰가 넘었다. 나처럼 대파를 썩혀서 버려본 사람들이 꽤나 있는 모양이다. 살림 고수인 사람도 대파오일은 꼭 만들어보길 바란다. 어디에 넣어도 맛있으니까.

1,000ml 기준

대파 흰 부분 4대

다진 마늘 2T

올리브오일

① 대파 흰 부분 썰어 열탕 소독한 유리병에 채운다.

② 마늘도 잘게 다져 넣는다.

③ 대파가 잠기도록 올리브오일을 충분히 부어준다.

④ 실온에서 하루 숙성 후 사용한다.
냉장 보관 시 한 달 동안 사용 가능하다.

소가 안 들어가도 맛있고 건강한

가자미 미역국

아이에게 이유식을 해주기 위해 처음 시도해 본 가자미 미역국은 너무 맛있었다. 비건 지향 이전부터 해먹었는데, 맛있어서 우리 집 미역국은 늘 가자미 미역국이다. 아이도 너무 잘 먹어서 미역국만 두 그릇씩 먹기도 한다. 미역국은 소고기라는 편견을 없앨 수 있는, 마지막에 참기름을 넣어 발암물질의 위험을 낮추는 가자미 미역국. 생물 가자미를 끓일 때도 있고, 냉동 순살 가자미를 끓일 때도 있다. 깊은 맛은 생물 가자미가 더 좋지만, 가시가 많으니 아이가 있는 가정이라면 순살 가자미 미역국을 추천한다. 꼭 멸치 육수로 끓이지 않아도 맛있게 먹을 수 있다. 미역국은 오래 끓이는 것보다 한 번 식혔다 다시 끓이면 더 맛있다.

건미역 40g

마늘 0.5T

국간장 1T

뜨거운 멸치 육수 2L

해동한 가자미

참기름 1T

소금

① 건미역을 찬물에 10분 정도 불린다.

② 예열한 스테인리스 냄비에 불린 미역을 기름 없이 볶다가 마늘과 국간장을 넣고 좀 더 볶아준다.

③ 뜨거운 멸치 육수와 해동한 순살 가자미를 넣고 바글바글 끓인다.

④ 가자미가 다 익으면 소금으로 부족한 간을 맞추고 참기름을 둘러 완성한다.

자투리 채소로 바삭한

채소전

우리 아이는 감자, 애호박, 양파로 부친 삼색전을 좋아한다. 애호박이 없으면 쪽파와 깻잎으로 삼색을 맞춰본다. 튀김도 전도 모두 튀김가루를 이용한다. 반죽에는 국간장으로 간한다. 반죽은 채소가 서로서로 붙을 농도가 적당하다. 그리고 불 조절은 조금 센 불로 빠르게 부쳐내지 않으면 채소의 수분이 빠져나와 눅눅한 전이나 튀김이 되므로 유의해야 한다. 만일 튀김가루나 부침가루가 없다면 통밀가루 3 : 전분 1 비율로 섞고 양파가루와 소금을 넣어 대체 가능하다. 이제 맛있는 채소전을 먹어보자.

감자 1개

당근 ½개

양파 ½개

부추 한 줌

깻잎 6~7장

튀김가루 ⅔컵

양파가루 0.5t

물 ⅔컵

국간장 1T

① 분량의 채소를 비슷한 크기로 채 쳐둔다.

② 튀김가루, 양파가루, 물, 국간장을 넣고 튀김 반죽을 만든다.

③ 썰어둔 채소를 반죽에 넣고 섞는다.

④ 예열한 후라이팬에 대파오일을 두르고 앞뒤로 뒤집어 가며 바삭하게 부친다.

기본 채소로 맛을 낸

채소 수프

날씨가 조금은 쌀쌀한 토요일 점심으로 토마토를 넣은 채소 수프로 한 끼 뚝딱했다. 한 입 먹고는 감기가 싹 낫는 맛이라며, 감기에 걸리지도 않은 아이가 엄지손가락을 척하니 들어 보이며 말한다. 따뜻한 채소 수프 때문인지, 아이의 능청스러운 칭찬 때문인지 가슴이 따뜻해진다. 어느 집에나 있을 법한, 집 앞 마트에서 쉽게 살 수 있는 재료들로만 만든다. 냉장고에 남아 있는 자투리 채소면 충분하다. 누구라도 쉽게 아이에게 따뜻한 채소 수프를 끓여줄 수 있다.

양파 2개

감자 2개

당근 ½개

소금

방울토마토 7~8개

건파슬리

① 양파, 감자, 당근을 비슷한 크기로 깍뚝 썬다.

② 예열한 냄비에 오일을 두르고 양파를 투명해질 때까지 볶다가, 당근과 감자를 추가하고 소금을 살짝 뿌려 좀 더 볶아준다.

③ 볶은 채소에 물을 자작하게 부어 끓여준 뒤, 방울토마토 7~8개 넣고 더 끓인다.

④ 감자가 다 익으면 취향에 맞게 소금과 파슬리를 뿌려 완성한다.

베이컨, 치즈 없이도 맛있는

비건 알배추 스테이크

김장철이 지나고 한창 알배추가 많을 시기가 되면 알배추 요리가 여기저기 보인다. 마침 할머니 댁 갔다가 늙은 호박 한 통과 함께 챙겨주신 배추 한 통이 생각나서 나도 알배추 스테이크 한번 해보자 싶어 레시피를 찾아봤다. 찾아본 레시피에는 모두 베이컨이 들어가고, 치즈가 들어간다. 이런…. 그럼 그냥 내 마음대로 만들어 먹어야겠다. 베이컨 대신 마늘 칩은 어떨까? 치즈 대신 스모크 파프리카 가루를 뿌려봐야겠다. 나의 실험적인 알배추 스테이크는 다행히도 성공적이었다. 남편도 아들도 맛있다고 엄지 척. 벌써 그릇이 다 비워져 있다. 기분 좋게 내 몫의 요리를 한 번 더 만든다.

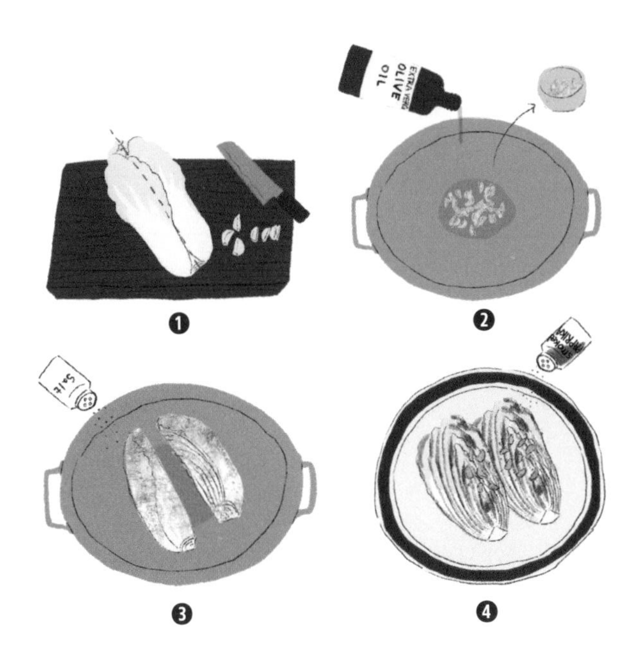

알배추 ½통

마늘 4~5개

올리브오일

스모크 파프리카 가루 (생략 가능)

① 알배추는 길게 반으로 자르고, 마늘 4~5알을 편으로 썰어둔다.

② 예열한 팬에 올리브오일을 두르고 썰어둔 마늘을 볶아 마늘칩을 만들어둔다.

③ 마늘을 볶았던 기름에 잘라둔 알배추를 넣고 소금을 뿌려 앞뒤로 굽는다. 중간에 뚜껑을 잠시 덮어 속까지 익혀준다.

④ 잘 구워진 알배추를 접시에 담고, 마늘칩과 스모크 파프리카 가루를 뿌려 마무리한다.

줄 서는 맛집 샐러드를 집에서

비건 포케 샐러드

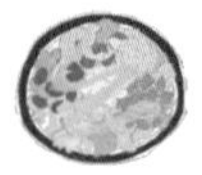

친구와의 점심 약속이 있어서 핫한 동네 한남동으로 갔다. 채식이 가능한 식당을 사전에 알아보고 갔다. 일찍 도착했는데도 사람들이 줄을 서있었다. 그곳에서 먹었던 쉬림프 포케 샐러드는 현미밥과 여러 채소, 그리고 새우가 올라가 있었다. 골고루 비벼 먹어보니 건강한 재료로 맛있게 한 끼 해결할 수 있는 음식이었다. 소스의 맛을 잘 기억했다가 며칠 뒤 집에서 만들어봤다. 꽤 비슷한 맛이었다. 현미밥 대신 보리밥을 넣어도 되고, 새우 대신 두부나 버섯을 올린다. 완전한 비건 식사다.

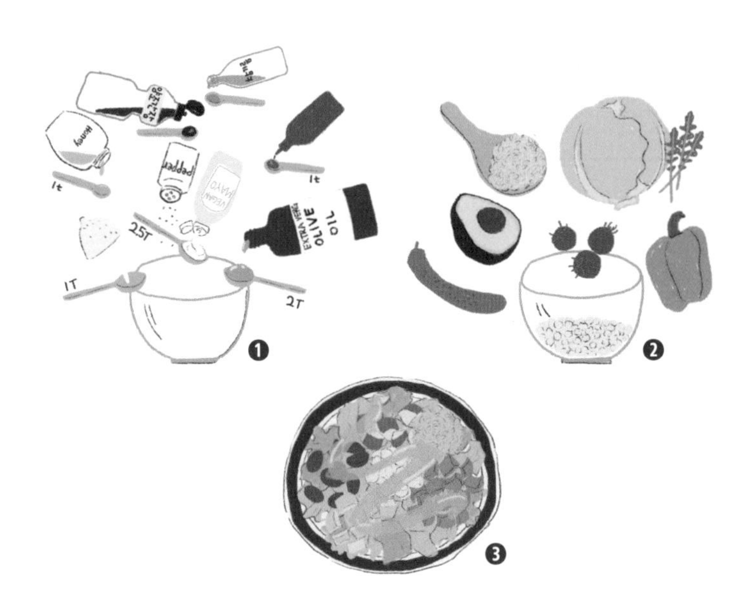

드레싱 소스

올리브오일 2T,
비건 마요네즈 2.5T,
레몬즙 1T, 꿀 1t,
스리라차 소스 1t,
양조간장 1.5t,
참기름 1t, 후추 조금

냉장고에 남아있는 채소들

① 분량의 소스 재료를 섞어 드레싱을 만든다.

② 다른 그릇에 양상추, 루꼴라 같은 잎채소와 파프리카, 오이, 방울토마토, 아보카도 같은 채소, 삶은 병아리콩, 현미밥, 보리밥 같은 곡물 등 냉장고에 남아있는 재료를 담는다.

③ 만들어둔 소스를 부어 맛있게 먹는다.

오이와 환상궁합

크래미 샌드위치

주말이면 느지막이 일어나 샐러드나 샌드위치를 만들어 커피와 함께 아침을 즐긴다. 햄을 사용할 수 없으니 병아리콩으로 패티를 만들거나 참치나 크래미를 이용한다. 참치 캔에도 환경 호르몬인 비스페놀 에이가 나온다고 하니 되도록이면 자주 이용하지 않으려 한다. 크래미는 오이랑 잘 어울린다. 그리고 오이는 허브 딜 Dill 이랑 잘 어울린다. 간단하게 오이를 소금에 절이고 레몬즙 꿀 딜을 뿌리고, 크래미를 올린다. 덴마크 코펜하겐에서 먹었던 스뫼레브뢰드가 생각나는 맛이다. 오이를 좋아하지 않는 아이도, 이 오이절임이 들어간 샌드위치는 잘 먹는다.

소스

비건 마요네즈 3T,
스리라차 소스 1t,
디종 머스터드 1t,
소금 후추 약간

오이 절임용 소스

레몬즙 1T, 꿀 1t,
딜, 소금

오이 ½개

크래미 70g

식빵 2장

비건 마요네즈

양상추 2장

① 오이는 2등분 후 얇게 슬라이스하고 소금을 조금 뿌려 절인다.

② 절여진 오이의 물기를 제거하고, 레몬즙, 꿀, 딜을 뿌려 재워둔다.

③ 크래미를 찢어 둔 볼에 분량의 소스 재료를 넣어 버무린다.

④ 구운 식빵 한 면에 비건 마요네즈를 바른다.

⑤ 재운 오이와 양상추를 올린다.

⑥ 버무린 크래미, 나머지 식빵을 차례로 얹어 완성한다.

만들어서 바로 먹는 더 건강한

오이절임

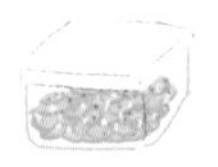

좋아하는 식당이 있다. '스웨덴 시어머니와 요리하기'라는 곳인데 스웨덴 시어머니에게 배운 요리로 쿠킹 클래스와 식당을 함께 운영하신다. 그곳에 가면 항상 맛있는 절임 채소가 피클처럼 나온다. 오이절임이 나온 적 있는데, 이 오이절임 때문에 요리 수업을 듣고 싶을 정도였다. 달지 않고 상큼해서 계속 먹게 되었던 그 순간을 떠올리며 만들어봤다. 딱 10분 걸린 오이절임은 그 식당의 오이절임과 같은지는 모르겠지만 너무 맛있어서 잊어버리지 않도록 레시피를 적어놨다. 피클이 없을 때 피클보다 빠르게 만들고, 건강하고 맛있게 먹을 수 있는 오이절임이다.

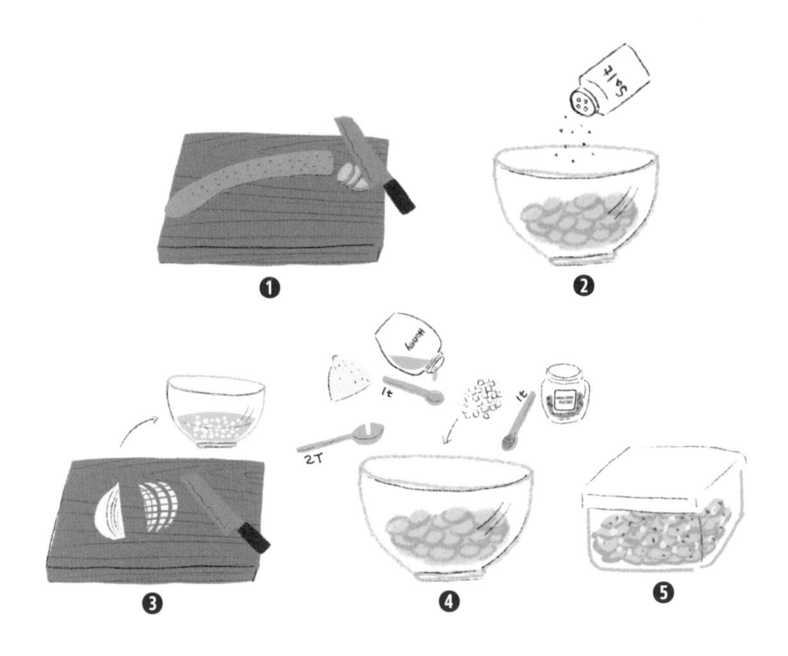

오이 1개

양파 ⅛개

소금 1t

레몬즙 2T

꿀 1t

홀그레인 머스터드 1t

① 오이를 편으로 썰어둔다.

② 소금을 뿌려 5~10분 동안 절인다.

③ 양파를 잘게 다져 찬물에 담가 아린 맛을 없애준다.

④ ②와 ③의 물기를 제거하고 볼에 담은 뒤, 레몬즙, 꿀, 홀그레인 머스터드를 넣어 버무린다.

⑤ 바로 먹거나 냉장고에 넣어 시원하게 먹는다.

더 쉽고, 더 맛있고, 더 그럴싸하게

넓적 당근라페

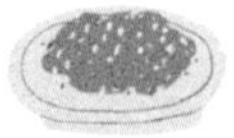

식당에서 당근라페를 주문했는데 내가 평소에 만들어 먹던 당근라페와 맛이 조금 달랐다. 아몬드 때문이었다. 아몬드의 고소함이 머스터드의 시큼함을 중화시켜주는 것 같았다. 당근을 사다 양배추 채칼로 얇고 넓적하게 잘랐다. 지금은 없어진 어느 식당에서 당근 샐러드가 나왔는데 넓적하고 얇게 썰어져 있었다. 그걸 당근라페에 적용했다. 이렇게 자르면 샌드위치 속으로 넣을 때도 차곡차곡 예쁘게 넣기 좋을 것 같았다. 그리고 접시에 담긴 모습도 구불구불 더 예쁠 것 같았다. 아몬드를 부셔서 넣은 당근라페는 평소 당근라페를 안 좋아하던 남편이 혼자 다 먹어버렸다.

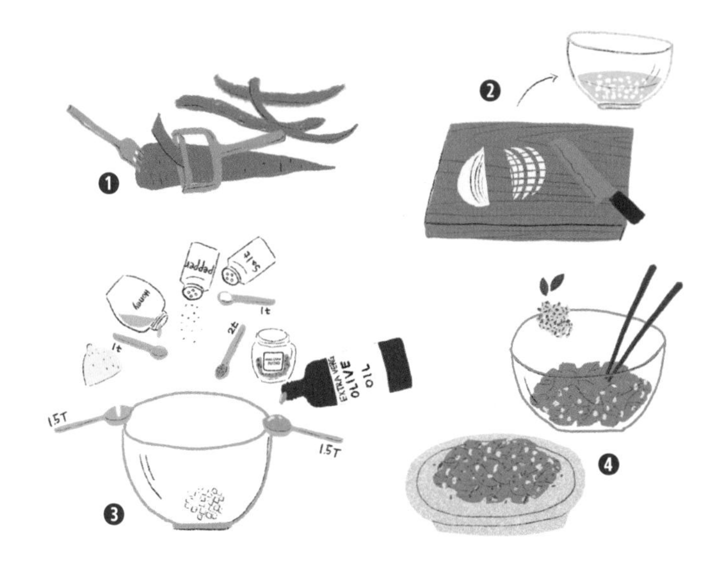

당근 250g

양파 ⅛개

레몬즙 1.5T

엑스트라버진 올리브오일 1.5T

홀그레인 머스터드 2t

꿀 1t

소금 1t

후추 약간

다진 아몬드 1T

① 감자 필러로 당근을 얇게 썰어준다.

② 양파를 잘게 다져 찬물에 담근다.

③ 물기 뺀 양파, 레몬즙, 엑스트라버진 올리브오일, 홀그레인 머스터드, 꿀, 소금, 후추를 볼에 넣고 잘 섞어준다.

④ ③에 저민 당근과 다진 아몬드를 넣고 버무려 완성한다.

쉽고 간편한 아보카도 샐러드

과카몰리

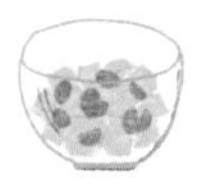

“나는 아보카도 어떻게 먹어야 할지 모르겠어.”

오랜만에 만난 친구와 채식 요리를 얘기하던 중이었다. 아보카도는 생으로 먹으면 사실 무슨 맛인지 잘 모르겠다. 그런데 다른 재료와 만나면 얘기가 달라진다. 멕시코 음식 중 하나인 과카몰리는 아보카도에 라임 토마토 고수 양파 등을 넣어 으깨 먹는 음식이다. 고수와 라임은 쉽게 구할 수 있는 재료가 아니고, 특히 고수는 특유의 향 때문에 피하게 된다. 그럼 있는 재료로만 만들면 된다. 라임은 레몬으로 대체하고, 아보카도 양파 토마토에 파프리카를 넣기도 한다. 늦게 퇴근하고 온 남편의 야식으로도, 주말 브런치의 토스트로도 최고다.

양파 ¼개

방울토마토 7~8개

아보카도 1개

엑스트라버진
올리브오일 1T

레몬즙 1T

소금 2꼬집

후추 약간

① 양파를 다지고 방울토마토를 반으로 잘라 믹싱 볼에 담는다.

② 후숙이 잘 된 아보카도를 반으로 갈라 씨를 빼고 깍둑 썰어 함께 담는다.

③ 레몬즙, 엑스트라버진 올리브오일, 소금, 후추를 넣고 가볍게 섞어 완성.

TIP! 그냥 먹어도 충분히 맛있지만, 빵에 올려 오픈 샌드위치로 즐길 수 있다.

상큼 고소 든든

병아리콩 샐러드

병아리콩 하면 떠오르는 게 후무스다. 만들어놓으면 일주일 정도 채소를 찍어 먹고, 빵에 발라 먹으며 맛있는 즐거움이 있다. 그런데 블렌더 성능 때문에 만들다가 얼굴이 붉으락푸르락 하기도 하고, 솔직히 좀 귀찮기도 하다. 그래서 삶아놓은 병아리콩을 어떻게 먹어볼까 하고 해외 레시피를 검색했다. 나온 재료 중에 없는 게 하나 있었다. 이탈리안 파슬리. 다행히 집에 바질 화분이 있어서 바질 잎으로 대체해 봤다. 바질 잎으로 대체한 게 더 좋았던 걸까? 평소 병아리콩을 안 먹는 아이가 맛있게 먹으면서 말했다.

"이제부터 간식 달라고 하면 이거 줘. 엄마, 이거 이름이 뭐야?"

"응, 병아리콩 샐러드."

"써줘. 나 까먹을 거 같아."

병아리콩 100g
다진 양파 1T
생 바질잎 2~3장
레몬즙 1.5T
엑스트라버진 올리브오일 1.5T
소금
후추

① 병아리콩은 찬물에 6시간 정도 불린다.

② 불린 병아리콩을 건져 불린 콩의 두 배 정도 되는 새 물과 함께 냄비에서 끓이다가 소금 반 큰술을 넣고 푹 익힌다.

③ 다진 양파는 찬물에 담가 아린 맛을 없애고, 생 바질잎 2~3장 잘게 썰어둔다.

④ 새 그릇에 삶은 병아리콩 1컵과 물기를 뺀 다진 양파, 레몬즙, 엑스트라버진 올리브오일, 잘게 썬 바질잎을 넣어 섞고, 소금과 후추로 간을 맞춰 완성한다.

항산화물질이 가득

캐슈너트 밀크

아이가 유제품 알레르기가 있다 보니 식물성 우유를 오랫동안 사 먹고 있었다. 캐슈너트도 아이가 먹을 수 없는 음식이다. 나라도 먹자 싶어 찾아보니 그냥 물에 불렸다 갈아주면 되었다. 처음 만들어본 캐슈너트는 블렌더 때문에 입자가 조금 씹히긴 했지만 맛은 내가 알던 우유 맛과 가장 비슷했다. 캐슈너트 밀크로 만든 크림 파스타도 다른 식물성 우유를 이용한 크림 파스타보다 맛있었다. 그리고 떠먹는 요구르트로 만들면 잘 어울릴 것 같았다. 아이가 먹지 못하니까 자주 만들 일은 없겠지만 항산화물질이 가득하다고 하니 종종 만들어 먹어야겠다.

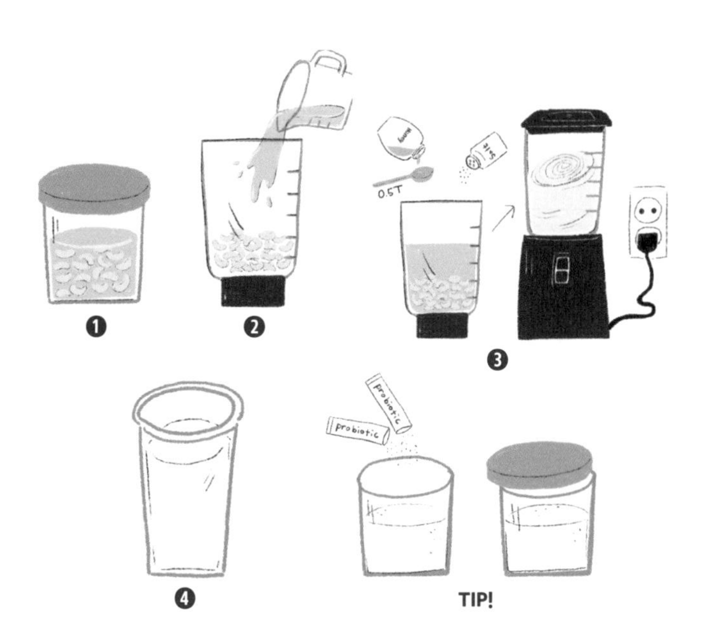

볶지 않은
생 캐슈너트 60g

물 250ml

꿀 0.5T

소금 한 꼬집

① 볼에 생 캐슈너트를 넣고 물을 부어 냉장고에서 밤새 불린다.

② 불린 캐슈너트의 물을 따라 버린 뒤, 그 두 배 정도 되는 새 물과 함께 믹서 컨테이너에 담는다.

③ 꿀 반 큰술, 소금 한 꼬집 넣고 갈아준다.

④ 캐슈너트 밀크 완성!

TIP! 캐슈너트 밀크에 유산균 2포를 넣고 뚜껑을 완전히 덮지 않은 채로 따뜻한 곳에 하루 정도 놔두면 떠먹는 식물성 요구르트가 된다.

2부

내 아이를 위한 환경 운동

샤넬백 대신 에코백을 들며

명동으로 외근을 나갔다가 시간이 애매해서 어느 대형 SPA 매장에 들렀다. 한가한 낮 시간대라 대형 의류 매장에는 한눈에 셀 수 있을 정도의 사람만 있었다. 그에 비해 매장은 너무 컸고 빼곡히 걸린 옷도 너무 많아 보였다.

'이 많은 옷은 과연 다 팔리는 걸까?'

시즌이 지난 옷들은 재고 창고로 들어간다. 일부는 아웃렛으로 들어가고 그 나머지는 재고를 소진하기 위한 여러 기획이 세워진다. 그래도 팔리지 않고 창고에서 몇 년 동안 쌓여 있는 옷들은 소각된다. 어떤 회사에서는 재고를 소각하는 날 일부러 직원들을 창고로 부른다고 한다. 재고가 남지 않을만한 옷을 제작하라는 무언의 압박인 셈이다.

패션은 사이클 주기가 짧아서 패스트 산업이라고 불린다. 새

것을 만들고 새것을 판매하는 주기가 짧다. 나는 이런 패스트 산업에 종사하고 있었다. 빨리 디자인하기 위해 해외 출장을 가서 브랜드 옷을 샘플로 잔뜩 사 오고 남의 나라 백화점에서 도둑 촬영도 해야 했다. 손님인 척 잠복하고 있는 경비에게 걸린 적도 있고, 무섭게 생긴 시큐리티가 사진을 지우라고 한 적도 있다. 처음에는 이런 게 너무 싫었지만 나중에는 그런 도둑 촬영마저 익숙해져서 시즌마다 해야 하는 당연한 일이 되었다. 그렇게 사 온 옷들, 도둑 촬영으로 담아온 디테일들을 이용해 빠른 시간 안에 디자인을 마쳤다. 이래도 되나 싶을 정도로 똑같이 만들기도 했다.

가끔 길을 가다 내가 디자인한 옷이 보여도 기쁘거나 반갑지 않았고, 판매가 잘 되어도 감흥이 없었다. 내가 디자인한 게 아닌 것 같았다. 회사를 다니는 동안 내게 주어진 일을 열심히 했지만 즐겁지 않았다. 일에 대한 보람도 없고, 연차가 더해져도 나는 계속 디자인실 막내였고, 대기업임에도 연봉도 적었다. 사람도 힘들었고, 이 업계에 만연한 야근도 힘들었다. 게다가 아이가 태어났을 때도 계속 일할 수 있을 것 같은 회사가 아니었다. 그곳에서는 내 미래가 보이지 않았다.

"우리 신혼여행은 어디로 가지? 유럽?"

나와 남편은 둘 다 신혼여행을 휴양지로 가고 싶진 않았기에 유럽으로 가기로 하고 각자 한 곳을 고르기로 했다. 심심하면 영화 〈노팅 힐〉을 다시 보는 남편은 런던에 가보고 싶었고, 나는 패션의 본고장 파리에 가고 싶었다. 아니, 더 정확하게 샤넬의 본고장에서 샤넬백을 구입하고 싶었다.

디자인실 언니들은 모두 명품 백을 최소 하나 이상 가지고 있었다. 출장 때 면세점이나 현지 매장에서 명품 백을 사 오는 경우가 많았다. 다들 있는 명품 백인데 나만 없었다. 괜스레 해외 출장이라도 잡히면 평소에는 비싸서 못 사는 명품 브랜드의 화장품을 사기 위해 출국 전날 밤까지도 인터넷 면세점을 눈이 빨개지도록 들여다보곤 했다. 나의 처음이자 마지막이었던 유럽 출장에서는 프라다 부츠를 거금 40만 원에 사 오기도 했다. 내가 받는 월급을 생각하면 손 떨리는 금액이었다.

패션 회사에서의 시간이 점점 쌓이면서 내 씀씀이도 점점 커졌던 걸까? 아니면 주변에서 결혼 예물 명목으로 샤넬백과 명품 시계가 오가는 것 때문이었을까? 파리에서 샤넬백을 사겠다고 결심했다. 그리고 신혼여행으로 도착한 파리에서, 당시 샤넬에서 그나마 저렴하다고 할 수 있는 가방을 샀다. 우리나라 돈으로 260만 원 정도였다. 한국에서 구매할 경우 300만 원 초반이었기에 내 딴에는 싸게 샀다고 스스로를 칭찬했었다.

온갖 이유를 붙여가며 사 온 샤넬백. 행여 흠집이라도 날까 가방 모양이 망가질까 전전긍긍하며 가끔씩 들고 다녔고, 외출 후에는 가방 안에 빳빳한 종이를 넣어 모양이 무너지지 않도록 신경 써서 옷장 안에 넣어두었다. 샤넬백이 들어있던 커다란 박스도 버리지 않고 고이 모셔두어, 가뜩이나 비좁은 옷장을 박스가 차지하고 있었다.

'결혼하면 퇴사해야지' 했지만 결혼식 이후 이어진 신용카드 청구비 행진은 조금이라도 더 회사에 엉덩이 붙일 이유가 되었다. 그렇지만 이미 마음이 오래전부터 정해져 있었고, 결혼 후 1년 반이 지나기 전에 퇴사를 했다. 그즈음 남편과 데이트하다 들른 서점에서 《나는 단순하게 살기로 했다》를 보게 됐다. 그렇게 미니멀 라이프를 알게 됐다. 지금은 모르는 사람이 없을 정도인 미니멀 라이프이지만 당시에는 정말 신선했고 다소 충격적이기까지 했다. 이 책의 저자가 말하는 버려야 할 물건 중에는 "분수에 맞지 않는 물건"이 있었다. 자연스럽게 나는 샤넬백을 떠올렸다. 신혼여행에서 사 온 샤넬백은 사용할 때마다 왠지 모를 불편함이 있었다. 내 분수에 맞지 않는 물건이었던 것이다.

얼마 뒤 몇 번 들지도 않은 그 샤넬백을 구매 당시 가격의 반값 정도로 처분했다. 그러고 나서 지금까지 단 한 번도 판매를 아쉽게 여기지 않았다. 샤넬백만이 아니었다. 패션 디자이너로 일할 때 산 옷과 가방 중 더 이상 입지 않는 옷, 들지 않는 가방을 지역 중고 앱을 통해 처분하거나, 아름다운 가게에 기증했다. 처음부터 불필요한 소비를 한 셈이다. 있어 보이고 싶었고 이 정도쯤은 살 수 있는 사람으로 보이고 싶었다. 내가 갖고 싶어서가 아닌, 남이 보는 나를 위해 산 거였다. 나라는 사람의 가치가 물건과 동일하다고 착각했던 시절이었다. 이제는 남이 보는 나를 위해 소비하지 않는다. 남들이 다 가진 것이 내게 없다고 해서 불안해하지 않는다.

지금의 우리는 너무 쉽게 소비한다. 단순히 세일을 많이 하니까 구매하고, 다른 사람들이 줄 서서 사는 것이니까 덩달아 구매한다. 채워지지 않는 헛헛함을 소비로 채우고, 남에게 보이는 내 모습 때문에 소비한다.

어떤 물건이든 언젠가는 '끝'이 있다. 처음에는 새것이었던 물건도 언젠가는 폐기물이 될 수 있다. 어떤 물건을 사려고 할 때, 필요한 목적이나 디자인, 가격만 고려할 것이 아니라 이 물건의 '끝'에 대해서도 고려해야 하지 않을까? 물론 이 물건의 끝 또는 뒤처리에 대한 고민은 기업이 해야 하는 일이기도 하다. 하지만 수요와 공급은 떼려야 뗄 수 없는 관계이다. 소비자

역시 물건을 선택할 때 그 '끝을' 생각해 봐야 한다. 반드시 필요한 것인지, 중고로 구할 수는 없는지, 쓰임 이후에 자원 재활용이 가능한지, 매립되거나 소각될 때 탄소 배출을 많이 일으키는 소재인지 생각해 봐야 한다.

기후 위기 관련 책이나 뉴스 기사를 보면 2050년을 기준으로 많은 예상 데이터가 나온다. 어떤 나라는 도시 전체가 사라질 거라고 하고, 또 어떤 나라는 너무 더워서 국경을 떠나는 중에 사람들이 죽을지도 모른다고 한다. 이 모든 일이 2050년에 일어날 수도 있는 일이라는 게 우리의 간담을 서늘하게 만든다.

2050년, 눈에 넣어도 안 아플 내 아이는 33살이 된다. 그때 부모 세대에게 쏟아질 원망을 지금부터 줄이기 위해 어제의 소비를 반성하고, 내일을 위한 더 나은 선택을 하며 오늘을 보낸다.

육아 필수품이 된 물티슈와 지퍼 백

임신 중에 입덧도 없고, 만삭 때 피부가 좀 가려운 것 말고는 딱히 불편한 것 없이 태평하게 임신 시기를 보낸 탓일까? 아무런 준비 없이 아기를 맞이하는 몹쓸 어미가 되는 건 아닌지, 출산을 한 달 앞둔 초보 엄마는 마음이 급해졌다. 조리원 준비물이라는 게 있는 것 같은데 어떤 걸 챙겨야 하지? 누가 한눈에 볼 수 있게 정리해 놓은 리스트 같은 거 어디 없나? 인터넷 검색창에 "출산 준비물", "조리원 준비물" 등을 검색해 봤다. 조리원마다 기본 물품이 다르다 보니 약간씩 차이는 있지만 공통적인 준비물이 있었다. 물티슈와 지퍼 백이었다. 출산 용품을 전문적으로 판매하는 쇼핑몰에 들어가 보면, 물티슈 건티슈 지퍼 백 젖병 세척솔 유아 손톱깎이 등 이곳에서 모든 출산 준비가 가능할 것처럼 다양한 제품이 있었다.

지퍼 백은 사이즈도 참 다양했고, 내가 평소에 알던 지퍼 백보다 엄청나게 큰 사이즈도 있었다. 이렇게 큰 사이즈에는 아기 속싸개나 옷을 넣는다는 예시가 있었다. 출산하러 가기 전에 신생아 옷 속싸개 발 싸개 손 싸개를 모두 세탁해서 지퍼 백에 잘 넣어가야 하는가 보다 생각했다. 그래서 나도 커다란 지퍼 백과 중간 지퍼 백 제일 작은 지퍼 백 한 통씩 구매했다. 출산 예정일 며칠 전에 옷을 모두 세탁해서 종류별로 따로따로 넣었다. 그렇게 지퍼 백에 챙겨 넣으면서도 지퍼 백을 이렇게 많이 써야 한다는 게 영 찜찜했다. 그렇지만 초보 엄마였던 나는 그저 남들이 하는 대로 따라 했다. 그런데 막상 조리원을 가보니 그렇게 따로따로 쌀 필요가 없었다. 그냥 여행 가듯이 가방에 잘 챙겨오면 되는 거였다. 굳이 종류별로 분류해서 넣을 필요가 없었던 것이다. 그렇게 지퍼 백에 잘 싸서 갖고 갔다가 고대로 다시 들고 온 것도 있었다. 괜한 짓을 했구나 하는 생각에 마음이 불편했다. 그나마 그때의 지퍼 백들을 정말 너덜너덜해지도록 쓰고 또 쓰는 걸로 만회해 보려 했다.

그 뒤로도 지퍼 백을 산 적이 있었다. 이케아에 갔는데 많은 사람이 너 나 할 것 없이 카트에 담는 것이 있었다. 뭔가 했더니 지퍼 백이었다. 왠지 그 대열에 합류하지 않으면 안 될 것 같다는 생각에, 나는 지퍼 백 두 개를 집어 들었다. '있으면 쓰는구

나. 안 되겠다. 사지 말아야지.' 이런 결심을 하고도 지퍼 백 보기를 돌같이 하기란 쉽지 않았다. 환경에 덜 유해하다는 사탕수수 소재로 만든 지퍼 백을 사보기도 했지만, 알아보니 그런 지퍼 백도 일부 소재가 사탕수수인 것이지 폴리에스테르가 섞인 제품이었다. 그리고 지퍼 백이 폴리든 자연소재든 생산하는 과정에서 발생하는 탄소 배출은 무시할 수 없다. 그 어떤 소재든지 지퍼 백을 사지 않기로 결심했다. 시간이 꽤 흐른 지금은 지퍼 백 비닐 백 비닐 랩 등을 돌같이 볼 수 있게 되었다.

지퍼 백은 사실 내가 사지 않아도 생긴다. 쌀이나 밀가루 귀리 콩 등 잡곡이 들어있던 포장지가 대부분 지퍼 백이다. 그리고 가끔은 이중 포장되어 이물이 전혀 묻지 않는 경우도 있다. 이런 지퍼 백들 중 크기가 적당한 것은 바로 분리배출하지 않고 한 번 헹궈내고 말려서 서랍에 보관했다가 한 번씩 요긴하게 쓰기도 한다. 하루는 아이가 병원에 가야 할 시간인데 간식으로 만들어준 감자구이를 다 먹지 못해 일어나지 않으려 했다. 용기에 담기 위해 찬장을 열었으나 너무 큰 용기만 있었다. 가방에 넣어갈 만한 것은 하나도 보이지 않았다. 서랍을 열어보니 튀김가루가 포장되어 있는 작은 지퍼 백이 보였다. 튀김가루 포장지에 아이가 먹던 감자구이를 옮겨 담아 부랴부랴 집을 나섰다. 튀김가루 봉지 속에서 감자를 꺼내 먹는 아이의 모습이 다른 사람들 눈에는 어떻게 보였을지 모르지만, 나에겐 재밌고 뿌듯한 기억으로 남아있다.

아이를 낳고 보니 어딜 가나 물티슈를 달라고 했다. 제왕절개 후 아이가 니큐NICU에 8일 정도 입원했는데 그때 신생아실에서도 물티슈 한 통을 갖고 오라고 했다. 조리원에서도 마찬가지였다. 조리원 신생아실에 아이 이름을 적은 물티슈 한 통을 제출해야 했다. 3~4살 때 다닌 어린이집에서도 이름이 적힌 물티슈를 주기적으로 어린이집에 가져가야 했다. 육아와 물티슈는 바늘과 실 같았다. 그전까지 물티슈 없이 잘 살던 집이었는데 어느새가 물티슈 없이 못 사는 집이 되었다. 아이의 대소변 처리는 물론이고 식탁이나 바닥도 물티슈로 닦았다. 특히 아이와 외출할 때 물티슈는 빠뜨리면 안 되는 필수품이었다. 혹시라도 깜빡하고 안 가지고 나가면 편의점에 들러서라도 사야 했다. 칠십 매짜리 물티슈 한 개는 일주일도 되지 않아 다 썼고, 박스째 사서 차곡차곡 채워놓아야 안심이 됐다. 마르지 않는 샘물처럼 우리 집에는 마르지 않는 물티슈가 있었다. 아이가 4살 때였던가? 기저귀를 뗐을 때이니 3살 후반이나 4살 초쯤이었던 것 같다. 두유를 마시다 흘리고는 아이가 다급하게 나를 부르면서 "엄마 무티슈 주세요"라고 했다. 흘린 두유를 스스로

닦겠다고 물티슈를 찾는 모습에 기특함을 느꼈다기보다는 약간의 당혹감이 들었다. 뒤통수를 세게 한 대 맞은 것 같았다.

태어나면서부터 엄마 아빠가 뭔가를 닦을 때는 늘 물티슈를 사용했으니 아이가 물티슈를 찾는 건 너무나 자연스러운 일이었다. 아이들 세대에는 걸레나 행주, 손수건 등의 단어는 국어사전에서나 볼 수 있게 될지도 모르겠다. 그만큼 습관이란 것이 무서운 거니까. 결혼 전에도 내 생활에 물티슈는 없었고, 결혼 후에도 6년 동안 물티슈 없이 잘 살았다. 우리 대부분은 물티슈 없이 몇십 년을 잘 살아온 사람들이다. 물티슈를 쓰기 전에는 어떻게 살았는지 기억이 가물가물하다. 행주 걸레 휴지를 썼을 것이다. 돌아갈 수 없는 강을 건넌 듯했지만 돌아가야만 할 것 같았다. 그러려면 결단이 필요했다. 이제 아이가 대소변을 가리고, 전만큼 음식을 많이 흘리진 않으니 가능할 것 같았다. 쟁여놓았던 마지막 한 개의 물티슈를 다 쓸 때쯤, 이제부터 집에서 물티슈를 쓰지 않겠다고 남편에게 선언했다. 처음엔 당연히 잡음이 조금 있었지만 남편은 대체로 나의 의견을 존중해 주기 때문에 울며 겨자 먹기로 동참했다.

물티슈 없이 지낸 지 4년이 되었다. 외출할 때도 물티슈는 없다. 대신 손수건을 챙긴다. 아이가 바닥에 뭔가 흘리거나 고양이들이 토를 하면 두루마리 휴지로 닦고, 필요한 경우 물을 묻

히거나 알코올을 뿌려 닦는다. 식탁은 물티슈가 아닌 소창 행주로 닦고, 바닥은 걸레 탈착이 가능한 밀대로 닦는다. 식사 중에는 손수건을 식탁에 두고 아이의 입이나 손을 닦아준다. 캠핑 갈 때도 소창 행주와 손수건 두어 장을 챙긴다. 이걸 안 챙긴다면 캠핑장에서 하루 동안 물티슈 이삼십 장 쓰는 일은 일도 아닐 것이다. 대체할 수 있는 물품이 있는데 잠깐의 편리함 때문에 모른 척하고 싶은가? 모르는 건 부끄러운 일이 아니지만, 알고도 행하지 않는 건 부끄러운 일이다. 아이 앞에, 지구 앞에 부끄럽지 않아야 한다.

공유경제를 이용한 장비 빨 육아

아이 출산 시기 즈음, 우리 부부는 12평짜리 작은 집에 살고 있었다. 그렇지 않아도 좁은 집이 아이의 물건으로 채워지면 더 좁아지겠다 싶어 미니멀 라이프 책을 대여섯 권씩 읽으면서 짐을 줄여나갔다. 겨우 숨통 트이게 만들어놓은 이 자그마한 집이 다시 아이의 육아용품들로 채워진다고 생각하니 갑갑함이 몰려왔다. 이제부터 되도록 살림은 늘리지 말리라! 결심했다. 꼭 필요한 물건인지 몇 번이고 생각해 보리라! 다짐했다. 신생아 시기에 필요한 물건은 그리 많지 않았지만 그 물건 없이는 지낼 수 없는 것들이었다. 사용 기간이 짧아 얼마 못 쓸 것들이고, 또 지구에 쓰레기를 더하는 일이라 마음이 불편했다. 다행히 주변에 이미 출산을 한 가족과 지인이 많아서 적극적으로 물려받았다. 아기 침대 국민 모빌 범보 의자는 남동생 부부가 쓰던 것을 물려받았고, 아기 띠는 친구에게 빌려 사용하였다. 유축기는 전 회사 동료 언니에게 빌렸다. 무려 분당에서 대전까지 남편이 만든 나무 도마를 선물로 드리고 받아왔다. 이때 빌린 건 나보다 늦게 출산한 친구들에게도 한 번씩 빌려주었다. 분유를 먹이지 않고 바로 수유했기에 젖병은 조리원에서 받은 것 하나와 내가 추가로 구매한 것 두 개면 충분했다. 요즘 많이들 쓰는 분유 조제기도 필요 없었다. 욕실이 좁았기에 아기 욕조는 부피를 차지하지 않는 것으로 구매했다. 그렇게 어느 정도 필요한 물건을 확보했다.

아이가 누워 지내는 시기가 지나고, 뒤집고 기고 앉게 되자 아이와 놀아줄 '뭔가'가 필요했다. 보행기 같은 육아 보조용품이라던가, 아이가 잠깐이라도 혼자서 조작하며 시간을 보낼 놀잇감이 필요했다. 인간은 망각의 동물이라 그 당시의 힘듦은 잘 기억나지 않지만 손목도 많이 아팠고 어깨와 허리도 아팠다. '육아는 장비 빨'이라는데 내가 기댈 수 있는 장비는 모빌, 바스락 소리가 나는 헝겊 책, 인형뿐이었다. 그러던 중 지역 육아종합지원센터에 '장난감 도서관'이라는, 장난감을 대여할 수 있는 서비스가 있다는 걸 알게 되었다. 집에서 차로 10~15분 거리에서 네 곳이 있었다. 신청을 해서 자격이 주어지면 연회비 1만 원에 1년 동안 이 주에 한 번 장난감을 대여할 수 있었다. 일단 신청을 해보자 싶어서 했는데 처음 신청이라 1순위 요건에 맞아 바로 자격이 주어졌다. 아이를 데리고 가본 장난감 도서관은 영유아를 데리고 놀 수 있는 무료 놀이공간도 함께 운영되고 있었다.

1년 동안 장난감 도서관을 부지런히 이용했다. 아이가 7개월쯤 되는 시기부터 이용했는데 손으로 만지며 노는 소근육 발달을 위한 말랑한 놀잇감부터 자석 블록 핸드폰 장난감 공구놀이 자동차 비행기 등 아이의 연령에 맞는 다양한 장난감을 빌릴 수 있었다. 우리가 이용했던 건 장난감뿐만이 아니었다. 그곳에는 베이비 쏘서 모빌 보행기 미끄럼틀 등 사용 시기는 짧지만 하나쯤 있으면 엄마의 육아가 잠시나마 편해지는 아이템이 있었다. 대부분 이런 물건들은 덩치가 보통이 아니라 비용을 떠나 집에 두는 게 부담스러운 아이템이었다. 빌려서 사용하면 사용기간이 끝난 후 처분을 고민하지 않아도 된다는 게 큰 장점이었다. 반납 전에 일주일 연장도 가능해서 본 신청 기간 이 주에 일주를 더하여 총 삼 주 동안 이용할 수 있었다.

"엄마 이거, 이거, 이거는 어딨어?"

아이와 핸드폰 속 옛날 사진들을 보고 있을 때였다. 아이는 손으로 아기였던 자기가 타고 있는 쏘서를 가리켰다. 화려하고 신기해 보이는 물건이 뭔지 궁금했던 모양이다.

"응 그건 시완이가 어릴 때 장난감 도서관에서 잠깐 빌려 쓴 거라 지금은 집에 없어~"

"엄마, 엄마! 이 빨간 차는 뭐야? 나 이거 탔었어?"

"응 그 빨간 차도 잠깐 빌려서 탔던 건데 너 그 차에 앉아서 간식도 먹고 밥도 먹고 그랬어."

어차피 시기가 지나면 집에서 나갈 물건이다. 이렇게 사진으로 추억을 공유할 수 있으니 꼭 그 물건을 내 돈으로 사서 집에 가지고 있을 필요가 없다. 괜히 비싼 돈 주고 사면 나중에 본전 생각에, 아이와 추억이 깃든 물건이라는 생각에 처분만 힘들어진다. 처음부터 내 것이 아니었으니 깨끗이 잘 쓰고 반납하면 다음에 누군가가 또 쓸 수 있으니 자원의 선순환이 된다.

육아용품 소비를 줄일 수 있는 또 다른 방법은 무료 놀이 공간을 이용하는 것이다. 나의 경우 아이가 어린이집을 다니기 전까지는 시에서 운영하는 실내 놀이시설을 자주 이용했다. 어린이집을 다닌 이후에도 토요일은 남편이 일을 했기 때문에 나 혼자 아이를 봐야 해서 지역 내 영유아 실내 놀이터로 향했다. 무엇보다 넓고, 다칠 염려가 없는 곳이라 아이가 이곳저곳 탐험하며 놀 수 있었다. 또래 아이들도 있으니 엄마를 덜 찾아서 엄마인 나도 숨 좀 돌릴 수 있는 곳이었다. 게다가 집에 없는 미끄럼틀도 있고 볼 풀 자동차 자전거 기차놀이 세트 부엌 놀이 악기 동화책 등 다양한 놀이시설이 있었다. 가끔 주말에 가면 선생님과 함께하는 프로그램도 있어서 리본체조 프로그램이랑 요리 수업에 참여한 적도 있었다. 파프리카를 플라스틱 칼로 썰어보고, 파프리카를 컵처럼 이용해 밥을 담아 먹는 시간이었다. 아이는 직접 만든 파프리카 밥을 너무나 잘 먹었다. 이런 간단한 체험 프로그램도 무료로 운영되고 있었다. 이렇게 지역 내 육아종합지원 센터에서 운영하는 영유아 실내 놀이터를 잘 이용했기에 집에 별다른 장난감이 없어도 꽤 잘 지낸 것 같다.

소중한 내 아이에게 제일 좋은 것만, 제일 값진 것만, 최신 트렌드의 제품만 쓰게 하고 싶은 마음은 어찌 보면 당연하다. 하지만 누가 사용해서 조금 낡았을지라도 기능에는 문제없는 물건을 적극 사용한다면 소중한 내 아이에게 더 깨끗한 자연환경을 물려줄 수 있다. 물건이라는 건 만들어질 때만이 아니라 운반될 때, 기능을 다한 뒤 폐기될 때 역시 탄소를 배출한다. 공유경제를 십분 활용하면 짧은 시기에 소비되고 버려지는 물건의 양을 대폭 줄일 수 있고 탄소 배출 감소에 있어서 나와 내 아이가 한몫할 수 있다.

요즘은 지역 내에서 장난감 도서관을 많이 운영하고 있는 것 같다. 다만 아쉬운 점은 지역마다 서비스 제공의 정도 차이가 있어서 내가 당시에 살던 지역은 지역 내에 열 개 이상의 장난감 도서관이 운영되고 있었던 것에 비해, 최근 이사를 온 지역은 시에서 딱 한 곳에서만 장난감 대여가 가능하다. 한 곳에서만 운영되니 장난감 종류도 많고 규모도 큰 것 같지만 이 주에 한 번씩 들러 반납과 대여를 하려면 내가 사는 곳에서 멀지 않은 게 좋은데 지금 집이랑은 30분 거리라는 점이 아쉬웠다. 지역마다 차이는 있겠지만 그래도 무료로 이용할 수 있는 장난감 도서관을 적극 이용하고, 중고마켓, 이미 출산한 가족이나 지인 찬스를 활용한다면 '육아는 장비 빨'이 돈 없이, 쓰레기 없이 가능해진다.

국민 육아 템 다시 생각해 보기

검색창에 육아 템이라고 입력해 보면 정말 다양한 아이템이 나온다. 육아를 시작한 지 5년이 된 (구)신생아 엄마인 나에게는 너무나 생소한 기저귀 센서 같은 아이템도 보였다. 사실 이 글의 출발은 '지나고 보니 없어도 됐을 육아용품'이었다. 그런데 글을 쓰려고 보니, 나는 보편적으로 많이들 사용하는 육아용품들 중 실제로 써보지 못한 것이 많았다. 내가 신생아를 키운 게 5년 전이라서 다양한 아이템이 없었던 게 아니다. 기저귀 센서 같은 아이템은 없었지만 그때도 국민 템이라는 수식어가 붙은 육아용품이 많았다. 다만 내가 즐겨 사용하지 않았을 뿐이다.

솔직히 나는 살림을 좋아하지 않고 설거지는 특히 더 싫어한다. 아이가 태어나서 첫돌까지 일명 '직수'를 해서 젖병으로 먹일 일이 적었다. 하지만 그럴지라도 아기 때는 물도 젖병으로 마시고, 분유할 때 사용하는 젖병도 있으니 서너 개 정도는 있어야 했다. 젖병의 양이 적어서 초반에는 냄비에 물을 끓여 열탕으로 소독했다. 그렇지만 점점 아이의 활동 반경이 커지고, 낮잠의 횟수가 적어지니 맘잡고 해야 하는 열탕 소독이 부담스러웠다. 조금이라도 덜 번거로운 방법이 있다면 썩은 동아줄이라도 잡고 싶은 마음이었다. 그래서 젖병소독기를 사야겠다고 마음먹었다. 국민 젖병소독기라는 수식어가 붙은 UV 램프 소독기는 꼭 작은 냉장고처럼 생겨서 부피가 큰 것이 가장 큰 문제였다. 그때 우리가 살던 집의 부엌은 정말 말도 안 되게 좁았다. 자리도 없을뿐더러 비싸고 한 1~2년 쓰면 못 쓰게 될 텐데, 불필요한 소비를 하는 것 같았다. 그래서 사게 된 게 전자레인지에 넣어 스팀으로 소독하는 제품이었다. 소재도 물을 배출하는 마개만 다른 소재이고 전체 소재가 폴리프로필렌PP으로 만들어져서 나중에 분리배출도 가능할 것 같았다. 아이가 젖병을 더 이상 사용하지 않을 때까지 잘 이용하고, 중고마켓 앱을 통해 구매 당시 가격의 삼분의 일 가격으로 판매했다.

아기들은 위가 아직 일자 형태라 젖을 먹고 난 후 트림을 안 하고 바로 눕히면 먹은 걸 조금 게워내는데 잘못했다가는 기도가 막히는 위험한 사태가 발생할 수 있다. 이런 점을 방지하기 위해 요즘에는 역류 방지 쿠션도 많이들 사용한다. 분명 있으면 편할 것 같은 제품이긴 하다. 아이가 트림할 때까지 언제까지 안고 있을 수는 없으니 말이다. 엄마의 손목 건강을 위해서라도 필요한 아이템임은 분명하다. 우리 아이가 신생아일 때도 역류 방지 쿠션을 찾아보긴 했지만 거대한 쿠션 덩어리가 집에 들어오는 게 부담이었고, 무엇보다 나중에 폐기된다면 그 속을 채우고 있는 수많은 미세섬유가 지구에서 사라지지 않은 채 유해한 존재로 자리 잡을 것이 뻔했다. 그래서 남편과 나는 우리가 쓰는 베개와 이불로 적당한 경사를 만들어 수유 후의 아기를 내려놓았다.

우리 아이는 분유를 먹이려고 몇 번인가 시도하다 실패했기에 분유 포트, 분유 제조기가 필요 없었다. 요즘은 쌍둥이 키우는 집이 많아서 분유 제조기를 쓰는 경우가 많다고 들었다. 우리 집에서는 전혀 필요 없는 아이템이었지만 어떤 집에서는 엄마를 살리는 아이템이 될 수 있다. 우리는 지금 '국민 템'이라 불리는 또는 '국룰'이라는 수식어가 붙어 "이게 정답이야. 그러니까 이대로만 해"라고 정해주는 세상에 살고 있다. 누군가가 정해준 것을 따르기만 하는 건 분명 편한 일일지도 모르겠다. 잘 모를 때는, 그 분야가 처음일 때는 더욱 그럴 것이다. 그런데 지구상에 똑같은 사람이 단 한 명도 없는 것처럼(쌍둥이라 할지라도 성격까지 똑같은 쌍둥이는 없다), 모두의 상황이 다르고 성향이 다를진대 국민이라는 수식어가 붙었다고 해서 무조건 따라가거나 그 '국민 템'을 안 쓰는 스스로가 이상하다고 여겨서는 안 된다.

국민 템이라고 일단 사고 볼 게 아니라, 정말 필요한 건지 쓸모를 다 한 뒤 지구에 유해함을 남기는 물건은 아닌지 잘 따져봐야 한다. 정말 필요할 것 같고 이 아이템으로 인해 육아가 한결 편해질 것 같다면, 우리에겐 중고마켓이 있다. 국민 육아 템이라는 수식어가 붙은 제품들의 장점은 중고로 구하기 어렵지 않다는 것. 게다가 너도 나도 중고로 팔려 하기에 가격 또한 저렴하다. 나는 휴대하기 좋은 저지 아기 띠가 하나 있으면 좋겠다는 생각으로 많이들 사용하는 제품을 구매하려 했다. 그런데 수입 제품이라 비싸기도 했고, 막상 샀는데 잘 안 맞으면 또 불필요한 소비가 될까 봐 중고마켓을 찾아봤다. 역시나 몇 건의 중고제품이 있었고 상태가 양호한 제품을 2만 원에 구매했다. 잘 사용하게 될 줄 알았던 저지 아기 띠는 생각보다 착용 시 불안한 느낌 때문에 몇 번 사용 후 깨끗하게 세탁해서 다시 중고로 판매했다.

신생아 시기의 엄마가 몸도 마음도 힘든 건 사실이다. 그런 상태에서는 이리저리 흔들리기 쉽다. 조금 기대어볼까 하는 마음으로 국민 육아 템을 사게 된다. 그렇지만 결국 아기가 원하는 건 엄마 품이다. 엄마에게서 직접적으로 느껴지는 따뜻함이다.

헌책 줄게 헌책 다오

아이를 낳기 전, 나는 '영상 노출은 최대한 늦출 거야'라고 생각했다. 아이가 태어난 후, 미니멀을 핑계 삼아 텔레비전을 중고마켓으로 처분했는데(남편이 텔레비전을 켜놓고 핸드폰으로 농구 중계를 보는 게 꼴 보기 싫었다기보다는), 아이의 영상 노출을 최대한 줄이고 싶은 이유가 가장 컸다. 내가 자라던 80~90년대에는 아이들이 볼 수 있는 텔레비전 상영물 자체가 많지 않았거니와, 시간대도 정해져 있어서 만화 상영 시간을 제외하고는 영상에 노출될 일이 없었다. 하지만 지금은 상황이 달라졌다. 텔레비전뿐만 아니라 스마트폰 태블릿PC 등으로 24시간 중 아무 때나 아이들의 눈과 귀를 현혹시킬 영상을 볼 수 있다. 이런 상황이니 텔레비전이라도 없애야 할 것 같았다. 하지만 육아라는 게 원래 뜻대로 안 되는 것처럼, 엄마도 좀 쉬고 싶다는 명목으로, 24개월 무렵 노트북을 통해 조금씩 영상을 보여주었다. 아직 할 줄 아는 단어가 없는데도 고집은 있고 하니 영상을 끌 때마다 전쟁 같은 상황이 자주 일어났다. 이게 아닌데 하는 마음이 들 때쯤 영상을 보던 아이가 노트북 앞쪽으로 물을 쏟는 일이 있었다. 순간적으로 이 기회를 잡아야겠다는 생각이 들었다. 나는 노트북을 덮으면서 "아이고, 시완이가 물을 쏟아서 고장 났네"라고 말하며 노트북을 아이 눈에 안 띄는 곳으로 치웠다. 본인의 잘못으로 노트북이 고장 났다고 생각하는 아이는 떼를 쓰지도, 노트북을 찾지도 않았다. 그때부터 엄마인 나도 한 가지 결심한 것이 있었다. 영상 속 세상이 없어졌으니 아이가 원한다면 언제고 어디서고 책을 읽어줘야겠다는 것이다.

그즈음 아이와 마트에 갔다가 전집을 판매하는 큰 출판사의 영업에 홀린 듯이 300만 원 정도의 전집을 예약했다. 퇴근한 남편에게 얘기했더니, 남편은 믿을 수 없다는 표정으로 몇 번을 되물었고, 일부라도 취소하길 권유했다. 바로 다음 날 연락을 취해 전체 책의 삼분의 이는 취소해달라고 했다. 이 얘기를 친정 엄마에게 했더니 엄마는 지인 중에 아동 전집 헌책방을 운영하시는 분이 있다며, 취소했던 전집 한 세트와 수강생분께서 추천해 주셨던 창작동화 전집을 중고로 구매해 보내주셨다. 새

책에 비해 십분의 일도 안 되는 비용으로 구매했던 그 중고 전집은 책 표지가 조금 빛바랜 것 외에는 새 책이라 할 수 있을 만큼 깨끗했다. 중고책에 대한 왠지 모를 불안이 사라지는 순간이었다. 갑자기 많은 지출이 생기는 것 또한 막을 수 있었다.

구매한 중고책을 책장에 꽂아두고 몇 권씩 꺼내 침대 옆에 두자 아이가 관심을 보이기 시작했다. 읽어달라고 가지고 오면 내가 무엇을 하고 있건 침대 위건 거실이건 부엌 싱크대 앞이건 상관없이 아이를 무릎에 앉히고 책을 읽어줬다. 언젠가 이런 얘기를 들은 적이 있다. 아이가 양육자 품에 안겨서 책을 읽는 그 자세 때문에 아이에게 책은 곧 '사랑'으로 인식된다는 것. 양육자 품에 안겨 책을 읽던 그 상황이 차곡차곡 쌓여서 '책=사랑'이 되고, 혼자서 책을 읽게 되는 시기가 와도 책에 대한 호감이 남아있는 것이다. 이 얘기가 나에게는 상당히 납득이 가고 인상적이었다. 나중에라도 아이에게 책이라는 매체가 호감으로 남길 바라는 마음으로, 언제든 기꺼이 읽어주기 시작했다. 엄마가 책을 읽건 말건 책장을 빨리 넘겨대던 아기였는데 24~25개월쯤 되니 책 속 그림을 보며 엄마의 얘기를 제법 듣는 아이가 되었다. 재미난 이야기 세상이 있다는 걸 알게 된 아이는 수시로 책을 읽어달라고 했다. 한 번 읽을 때 열 권도 읽고, 하나의 책을 대여섯 번씩 반복해서 읽기도 했다. 내용을 다 이해하는 건지 어쩌는 건지 알 길은 없었지만 아이가 차분히 잘 듣고 있으니 어느 정도 이해는 하나 보다 생각했다. 그림책 읽기는 아이에게 즐거운 놀이였고, 새로운 세계와 만나는 창구였다. 그런 아이에게 "지금은 책을 읽어줄 수 없어"라고 할 수 없었다. 책 육아 같은 건 잘 모르지만, 어쩌면 가장 쉬운 육아 방법일지도 모른다. 장난감으로 역할극을 해주는 것보다 훨씬 쉽게 아이와 놀아줄 수 있는 방법이었다. 그렇게 4개월쯤 흘러, 아이가 28개월이 되었을 때였다. 그때까지 우리 아이는 "엄마" "아빠" "이거" 단 세 단어로 모든 의사소통을 하고 있었다.

"문 닫았네."

아이와 집 앞 빵 가게를 지나갈 때 아이가 한 말이었다. 단어가 아닌 문장으로 말한 건 처음이었다. 이때부터 아이는 문장을 말하기 시작했다. 어린이집 선생님들은 나를 만날 때마다 우리 아이가 단어를 정말 풍부하고 예쁘게 사용한다고 했다. 그림책 덕분이었다. 수다스러운 엄마도 아니었고, 딱히 예쁜 단어를 쓰는 엄마도 아니었다. 엄마의 영향이 아니라 그림책의 영향이었다. 두 박스를 12만 원에 구매한 중고책은 가성비를 넘어 갓성비라 할 만한 정도였다. 중고책에 대한 내 호감은 더욱 커져서, 친정 엄마의 지인분의 손자가 읽던 책도 두 박스나 얻어오고, 이제는 중고등학생이 된 내 조카들이 보던 전집들

민들레 사자

도 얻어왔다. 또 어느 날은 우리 아랫집에서 이사 정리로 버린 전집이 너무나 멀쩡하길래 남편을 시켜 들고 오기도 했다. 4년 전 중고로 사 왔던 전집은 너무 많이 읽어서 근처에 사는 친구의 딸에게 물려줬다. 우리 아이는 지금도 가끔 그 책들 중 좋아했던 책을 찾기도 한다.

사실 책을 중고시장에 내놓는 일도, 아름다운가게 같은 곳에 기증하는 일도, 지인에게 주는 일조차도 약간의 에너지가 소모되고, 어찌 보면 귀찮기도 하다. 핸드폰으로 구매 버튼만 누르면 집 앞까지 배송되는 것에 비하면 너무나 수고스러운 일이다. 그리고 새것 좋은 것만 주고 싶은 마음, 책은 그래도 유익한 것이니 제 돈 주고 사고 싶은 마음이 들 수도 있다. 하지만 더 많은 아이가 좋은 책을 접하기 위해서는 환경문제를 생각해 봐야 한다.

모든 제품은 생산되는 과정에서 자원과 에너지를 이용하기 때문에 탄소발자국이 생긴다. 제품을 만드느라 탄소발자국이 이왕 생긴 거, 그 제품이 제품으로써의 기능을 다할 때까지 최대한 사용하는 게 가장 좋은 자원의 순환이다. 더구나 책은 망가질 일도 없고(약간 찢어지는 훼손은 있을 수 있다), 고장이 나는 기기도 아니다. 다른 사람이 그어놓은 밑줄 정도가 있을 뿐이다. 헌집을 주고 새집을 달라고 할 수는 없지만, 헌책을 주고 헌책을 얻을 수 있는 중고마켓을 잘 활용해 보자.

최근에 알게 된 전집 대여 서비스가 있다. 20만 원대의 비용을 지불하면 6개월 동안 전집을 빌려볼 수 있는데, 전집을 빌려보다가 다른 전집을 빌리고 싶으면 반납 후 다른 전집으로 대여가 가능한 서비스이다. 이 서비스를 이용해 본 지인은 만족도가 매우 크다고 했다. 동일한 책을 반복해서 읽는 걸 좋아하지 않는 아이라면 이런 대여 서비스를 이용하는 것도 좋은 방법이다.

아이의 장난감을 판매한 돈은 아이에게

엄마와 아빠가 아무리 소문난 미니멀리스트라고 할지라도, 하나밖에 없는 아이가 장난감을 들고 좋아하는 모습, 갖고 싶어서 눈물이 그렁그렁한 모습을 모른 척하기란 쉽지 않다. 게다가 어린이날이며 크리스마스며 생일이며 1년 동안 최소 대여섯 개의 장난감이 생겨난다. 그리고 장난감은 부모가 사주지 않아도 생긴다. 하나밖에 없는 장손이 너무 예쁜 할아버지는 때때로 엄마 아빠는 사주지 않는 비싼 장난감을 사주시고, 어느 날은 남편의 친척 조카가 가지고 놀던 거라며 변신 자동차 로봇과 말랑한 고무 딱지를 한 박스 가져다주시기도 했다. 그렇게 해마다 늘어나는 장난감들, 특히 실제 자동차를 축소한 매우 덩치 좋은 트럭, 청소차, 소방차 등은 4살 무렵 처음 선물 받은 한두 달만 잘 가지고 놀고 블록에 밀려 자리만 차지하게 된다. 그 시기에는 어쩜 그렇게 큰 것만 좋아하는지 장난감 자동차 서너 대만으로 아이 방이 꽉 차는 느낌이라 아이 방을 들어갈 때마다 갑갑함이 밀려왔다.

"시완아, 너 요즘 저 레미콘 안 갖고 노네? 저거 팔까? 너는 필요 없지만 다른 아이는 저 레미콘이 갖고 싶을 수 있잖아. 그럼 쓰레기가 되지 않고, 다시 장난감이 되는 거야. 저거 팔리면 그 돈은 엄마가 네 저금통에 넣어줄게."

잠시 생각하던 아이는 뭔가 생각났다는 듯 물었다.

"그럼 나는 새 장난감 살 수 있어?"

"그럼 그럼, 돈 모아서 네가 사고 싶은 새 장난감을 살 수 있어. 근데 새 장난감을 사면 안 가지고 노는 장난감 두 개를 팔아야 해. 시완이의 장난감 선반은 이미 꽉 차 있잖아. 새 장난감을 사고 싶으면 새 장난감이 들어갈 자리를 만들어줘야 해."

"응, 알았어."

그렇게 아이와의 협상이 끝나자마자 소창 행주에 물을 묻혀 열심히 먼지를 걷어냈다. 그리고 앞, 옆, 대각선에서 찍은 사진을 동네 중고 앱에 올렸다. 가격은 레미콘을 검색해 보고 가장 낮은 가격보다 조금 더 싸게 올렸다. 며칠 뒤 구매를 희망하는 사람이 나타났다. 판매한 돈 2만 원을 아이에게 줬다. 장난감 판 돈을 아이에게 정말로 주었기 때문일까? 그다음에 환경미

화 트럭과 덤프트럭을 중고로 팔자 했을 때 아이는 흔쾌히 그러자고 했다. 그 돈 역시 바로 아이에게 주었다. 금액을 책정하기 애매한 장난감들은 다른 동생들에게 나눠주자고 했다. 장난감 중 블록을 중간에 찾긴 했지만 나눔 했다고 하니 곧 수긍하며 다시 찾지 않았다.

사실 5,000원에 장난감을 올리는 건 돈 한 푼 더 벌자고 하는 게 아니다. 오히려 사진을 몇 장씩이나 찍는 에너지와 시간이 낭비 같다고 느껴질 때도 있다. 그럼에도 하는 이유는 가장 좋은 자원 순환은 다시 쓰는 것이기 때문이다. 특히 아이들의 장난감 같은 경우 여러 복합소재로 된 경우가 대부분이라 플라스틱이 주 소재라 해도 일반 쓰레기로 배출해야 한다. 그러니까 한 명의 아이라도 더 가지고 놀다 폐기된다면, 그것만으로도 한 명분의 플라스틱 쓰레기가 예방된 셈이다.

얼마 전 아이의 자전거를 중고 앱으로 구매했다. 아파트 단지 내 자전거 보관소를 들여다보며 갖고 싶다 했던 바퀴 뚱뚱한 자전거였다.

“시완아, 엄마가 검색해 보니까 이런 자전거는 너무 비싸더라.”

“그럼 중고로 사면 되잖아. 중고 거기에서 검색해 봐.”

아이와 중고 앱을 켜서 찾아봤다. 똑같은 자전거가 있었지만 아이가 타기에는 금방 작아질 사이즈이기도 했고, 한 번밖에 안 탄 거라서 너무 비쌌다. 그래서 앱에 '18인치 자전거'를 키워드로 등록해 놓고 알람을 받을 수 있게 해놓았다. 며칠 뒤 알람이 울렸다. 곧바로 들어가 보니 색상은 조금 달랐지만 아이가 원하던 뚱뚱한 바퀴의 18인치 자전거였다. 두 번밖에 안 탄 제품이었는데 가격도 7만 원으로 20만 원인 새 제품에 비해 아주 저렴했다. 집에서 멀지 않은 곳이기도 해서 바로 구매를 결정했다. 그리고 아이에게 자전거 값 7만 원을 받았다. 아이는 너무 좋아하며 만나는 사람마다 자전거 자랑을 했다.

이제 6살이 된 우리 아이는 중고거래라는 것이 자신에게 '이득'이라는 걸 인지하고 있다. 안 쓰던 물건을 팔면 돈이 생기고, 비싼 물건을 중고로 사면 더 싸다는 걸 알고 있다. 그리고 그냥 버리면 썩지 않는 쓰레기지만 중고로 팔면 다시 장난감이 된다는 걸 알고 있다. 나는 당근마켓 앱이 너무나 잘 만든 플랫폼이라 생각한다. 근거리에서 쉽게 중고거래할 수 있으니 택배로 인한 탄소 배출도 줄이고, 종이 박스의 낭비도 막아준다. 그리고 가장 중요한 건 나에게 필요 없지만 아직 쓸 만한 물건들이 다른 누군가에게 활용될 기회가 많아진다는 것이다.

장난감이나 책 같은 물건을 아이와 함께 중고마켓 앱으로 거래하자. 그 거래에서 발생하는 돈은 모두 아이의 저금통에서 나오고 들어가게 하자. 그럼 아이가 사용하지 않는 장난감이나 물건을 처분할 때 아이와 실랑이하지 않아도 된다. 늘어나는 아이의 물건에 스트레스 받지 않을 수 있는 방법은 바로바로 내보내는 것이다. 중고마켓으로, 주변 나눔으로.

엄마의 도시락과 소풍

초등학교 시절 내내 동생과 같은 학교를 다니다 보니 소풍 날짜는 늘 같을 수밖에 없었다. 그렇지만 소풍 장소는 학년마다 달랐다. 이 사실은 엄마의 몸이 하나이기에 누구의 소풍은 갈 수 있고, 누구의 소풍은 갈 수 없다는 거였다. 엄마의 입장에서는 알아서 잘하는, 나이 1살 더 많은 나 대신 왠지 더 손이 가고, 걱정이 되는 말썽꾸러기 막내아들의 소풍에 따라가야 했을 것이다. 딱 한 번 소풍 장소가 같았던 그날을 제외하면, 나는 늘 엄마가 싸준 김밥 도시락을 들고, 친한 친구의 엄마가 펼쳐놓은 돗자리에서 소풍 도시락을 먹었다. 겉으로 내색하지는 않았지만, 이 글을 쓰는 지금도 눈시울이 붉어질 정도로 그때의 나에게는 꽤나 서운한 일이었다. 그래도 엄마가 싸준 김밥이 너무 맛있어서 그나마 괜찮았다.

그때는 김밥집이 지금처럼 널려 있지 않았다. 김밥천국 같은 김밥 체인점들이 우후죽순 생겨나면서, 김밥 파는 가게를 찾는 일이 어렵지 않아졌다. 그 덕에 두세 줄 정도라면 재료를 사서 준비하는 시간과 비용을 생각하면 그냥 김밥 파는 곳에서 사는 게 훨씬 효율적일지도 모른다.

탁 트인 넓은 공간만 있으면, 킥보드를 타든 공놀이를 하든 뛰어다니든 잘 노는 아이를 위해서 주말이면 돗자리를 들고 공원으로 갔다. 남편이 일을 해서 나와 아이만 시간을 보내는 토요일에도 우리는 공원에 가고, 남편과 함께하는 일요일에도 공원에 간다. 날씨가 아주 덥거나 아주 춥지만 않으면 공원에 갔다. 지금도 캠핑을 가지 않는 날이면 공원을 찾는다. 즉흥적으로 가게 되는 날이 아니라면, 도시락을 싸가려고 한다. 고기 없는 김밥인 채식 김밥, 유부초밥, 주먹밥을 간단하게 만들고 집에 있는 과일이나 샐러드를 챙긴다. 아이랑 둘이 소풍을 가는 날이면 김밥은 무리고 주먹밥, 감자, 고구마를 찌거나 구워서 가지고 간다. 이마저도 여유가 없는 날에는 김밥 서너 줄이 들어갈 만한 밀폐용기와 수저 그리고 커피와 물만 챙긴다. 집이나 공원 근처 김밥 집에 들러 김밥을 주문하고 용기를 내민다. 김밥은 다른 반찬이 따라오지 않기 때문에 용기에 담아오기 좋다. 김밥 집 아주머니에 따라 김밥을 썬 그대로 기다랗게 넣어주시는 경우도 있고, 하나하나 눕혀서 김밥 단면이 보이도록 예쁘게 담아주시는 경우도 있다. 집에서 수저도 챙겼으니 나무젓가락은 받지 않는다. 사 온 김밥일지라도 용기에 담겨서인지 마치 집에서 엄마가 만든 것 같은 느낌을 준다.

비건을 지향하기 전에는 많지는 않지만 공원에서 치킨을 시켜 먹거나 중식을 시켜 먹은 적이 있다. 요즘은 공원도 다 배달되니까 많이들 시켜 먹는 것 같다. 그나마 치킨이 나은 이유는 종이 박스 하나, 치킨무 트레이 하나, 종이봉투 하나 정도의 쓰레기를 만든다는 것이다. 중식은 씻어서 재활용으로 배출할 수 없을뿐더러 플라스틱 용기가 두세 개, 나무젓가락, 단무지가 담겨 있는 스티로폼 트레이, 음식이 쏟아지지 않도록 칭칭 감겨 있는 비닐랩까지 한 끼 식사에 너무 많은 쓰레기를, 그것도 공원에 버리고 와야 하는 상황이 불편했다. 공원을 나서기 전 쓰레기를 분리배출하기 위해 들른 공원 내 분리수거장은 분리수거장이라기보다는 그냥 일반 쓰레기통 네 개가 줄지어있는 것 같았다.

양주에 있는 가나아트파크라는 어린이미술관은 미술작품을 감상할 수 있는 미술관 외에도 아이들이 뛰어놀 수 있는 넓은 잔디밭과 그물로 된 구조물, 물놀이장 등 시설이 잘 구비되어

있다. 주말이면 가족 단위의 방문객이 많이 있는 곳이다. 인상 깊었던 그곳의 방문 수칙 중 하나는 외부 음식 반입 불가, 단 엄마의 도시락은 허용이라는 것이다. 처음 그곳을 방문하기로 한 날 그 사실을 늦게 알게 되어 도시락을 쌀만 한 재료가 미처 준비되지 못한 상태였다. 게다가 큰 마트가 쉬는 일요일이라 재료를 사러 갈 수도 없는 상황이었다. 그래서 밀폐용기와 수저, 물, 커피만 챙겼다. 집 근처 김밥 집에 들러 김밥 세 줄을 주문하고 급히 가져간 밀폐용기를 내밀었다. 가는 길에 출출해서 차에서 김밥을 조금 먹으려고 했더니 아이가 안 된다고, 공원 가서 돗자리에서 먹어야 한다고 난리였다. 결국 아이의 말대로 꾹 참고, 공원에 들어가자마자 돗자리를 펴고 멋진 미술작품과 나무그늘과 파란 하늘에 둘러싸여 김밥을 먹었다. 그 맛은 어릴 적 엄마의 김밥만큼 꿀맛이었다.

초록 초록한 나무 그늘과 시시각각 변화하는 하늘을 우리는 무료로 관람할 수 있다. 그에 대한 책임으로 쓰레기를 남기지 않는 건 당연한 거라고 생각한다. 가나아트파크에서 포장 음식 검사를 따로 하지는 않지만, 이건 무언의 약속인 셈이다. 자연은 마냥 다 퍼주기만 하는 《나의 라임 오렌지 나무》 이야기 속 나무가 아니다. 뿌린 대로 거두게 된다. 쓰레기를 뿌리면 쓰레기가 돌아오는 법이다. 공원에서 쓰레기를 만들었다면, 내 집에 가져와서 제대로 분리배출해야 한다. 분리배출이 귀찮다면 도시락을 싸고, 도시락 싸는 게 힘들다면 밀폐용기와 수저라도 챙기자. 그 정도도 힘들다고 하진 않겠지? 조금만 귀찮아지고 조금만 힘들어지면 자연을 더 오래, 아름답게 관람할 수 있다.

캠핑 후 아이는 쓰레기 헌터가 됩니다

남편 공방 수강생이 구글 모바일 게임 공모전에서 2등을 했다며 나에게 보여줬다. 나나 남편이나 핸드폰으로 게임을 하진 않지만 아는 사람이 만든, 그것도 상을 받은 게임이니 궁금했다. 고양이를 키우시는 분이라서 그런지 게임의 캐릭터는 고양이였다. 고양이가 숲을 다니다 나무를 베기도 하고, 적들과 싸우기도 하고 뭔가 줍기도 하고 그러다가 다시 집으로 돌아오는 식이었다. 단순하지만 귀엽고 재미있었다. 그 게임을 보고 난 며칠 뒤, 문득 이런 게임을 만들면 어떨까 싶었다.

게임 속 마을을 돌아다니다가 쓰레기를 줍는 게임인데, 처음엔 손으로 줍다가 쇠 집게 동 집게 은 집게 금 집게 지게차(?) 이런 식으로 업그레이드할 수 있고, 쓰레기도 고철 같은 건 포인트가 높고, 폐지 플라스틱 등 종류에 따라 포인트가 달라지는 것이다. 게임의 이름은 '트래시 헌터 Trash Hunter'이다!

이 생각을 6살 아이에게 했더니 막 신이 나서는 "자석 집게도 만들자! 깡통 같은 게 더 잘 주워질 거야!"라면서 이러쿵저러쿵 엄마의 아이디어에 살을 붙이기 시작했다. 신이 난 아이에게 "우리 진짜로 쓰레기 집게 사서 우리 동네 트래시 헌터가 되어보는 건 어때?" 그러자 아이는 "그래! 그러자! 나는 진짜 자석 집게로 사줘"라고 말했다.

검색해 보니 쓰레기 집게 중에 정말로 자석 집게가 있었다. 그걸 사달라고 했지만 아이가 사용하기에는 좀 길어 보여서 구매를 하진 않았다. 걸어서 하원하거나 집 근처를 걸어 다닐 때 쓰레기를 발견하면 "누가 여기에 쓰레기를 버렸네. 엄마 우리가 빨리 트래시 헌터가 되어야 하는데 그치?"라고 말할 때마다 "아차차. 엄마가 아직 주문을 못 했네. 그러게 누가 저기에 쓰레기를 버렸을까? 나쁘다. 그치?" 이렇게 얘기하고는 또 주문하는 것을 까맣게 잊어버렸다. 그리고 얼마 뒤 캠핑장에 갔는데 캠핑장에서 멀지 않은 곳에 캠핑용품점이 있었다. 마침 장작을 넣을 때 쓰는 집게가 망가져서 캠핑용품점에 가서 집게를 두 개 샀다. 장작용으로 아빠가 쓸 것과 아이가 쓰기에도 괜찮아 보이는 것으로 골랐다. 집게를 보더니 폴짝폴짝 뛰며 신나하던 아이는 눈에 보이는 쓰레기는 모조리 집을 것처럼 보였다.

다음 날 집에 가기 위해 캠핑 짐을 쌀 때 아이에게 "트래시 헌터가 돼야지~ 우리가 있었던 자리 돌아다니면서 쓰레기가 보이면 쓰레기봉투에 넣어줘"라고 말하자 아이는 정말 무슨 무적 파워레인저라도 된 것처럼 사명감 있게 쓰레기를 헌팅 했다. 쓰레기를 하나씩 봉투에 넣을 때마다 "와~~! 트래시 헌터 대단한데~~?"라고 리액션도 해줬다. 꼬마 트래시 헌터는 의기양양하게 서있었다. 그 뒤로 캠핑 때마다 아이는 트래시 헌터가 된다. 친구네 가족과 캠핑을 가면 꼬마 트래시 헌터가 둘이다. 세상 든든할 수가 없다.

코로나로 인해 한동안 중단됐던 크고 작은 여러 행사가 다시금 열리고 있다. 유명한 지역 불꽃축제에는 105만 명의 인파가 몰렸고, 그들이 남기고 간 쓰레기는 무려 50톤이었다고 한다. 그리고 그날은 유엔이 지정한 세계 철새의 날이었다. 5월과 10월 둘째 주 토요일, 유엔이 정한 그해의 구호는 "새들을 위해 불을 꺼주세요!"인데, 철새들이 왔다가도 여기 무슨 일 있나 보다 하며 도로 돌아가고도 남을 판이다. 엄청난 화약 소리와 함께 불꽃이 사라진 하늘은 발암물질이 함유된 미세먼지로 가득하다. 한 술 더 떠 거대한 쓰레기 산이 생긴 한강공원은 멸종위기 종으로 지정된 흰꼬리수리, 큰기러기, 황조롱이를 비롯해

오십여 종의 철새가 찾는 월동지로 알려져 있다. 축제의 날짜 선정부터가 잘못됐고, 이런 일방적인 소통의 축제는 별로 흥미도 없다. 옛날 공중파 텔레비전 같은 것이다. 보는 사람은 주도할 수 없고, 송출하는 쪽이 모든 걸 정해놓는 방식은 이제 재미없다. 그리고 쓰레기는 각자 들고 가야 한다. 쓰레기가 남지 않는 축제도 가능하다. 도시락을 싸오고, 커피나 맥주는 텀블러에 담아오는 것, 그 외 다른 쓰레기는 도로 집으로 가지고 가야 한다. 이제는 축제를 기획하는 단계에서 이런 부분까지 고려해야 한다. 이번 불꽃 축제의 슬로건이 "We Hope Again"이었다. 그런데 이런 식으로 하면 희망이 없다. 정말.

지금 나의 바람은 아이를 잘 꼬드겨서, 토요일 아침마다 '쓰줍'하며 동네를 산책하는 거다. "쓰줍을 하고 나서야 오전에 만화영화를 볼 수 있어!"라고 내가 말해보는데, 주말 아침이면 어쩜 그리 눈이 안 떠지는지 엄마인 내가 먼저 실패다.

오늘 동네를 걷다가 입에 뭔가 물고 있는 까치를 봤는데, 하얀 스펀지인지 솜 같은 거였다. 그리고 주변 잔디밭에 떨어져 있는 담배꽁초들이 눈에 들어왔다. 새들이 이것저것 다 집어댄다면, 저런 담배꽁초 몇 개 먹는 건 일도 아니겠구나 싶었다. 아이와 토요 트래시 헌터에 대해 진지하게 이야기를 나눠봐야겠다.

당신에게 달린 멸균팩의 두 번째 쓰임

어렸을 때 나는 엄마에게 껌딱지 같은 딸이었다. 엄마가 요리를 하면 부엌에 서성거리다 오이 한쪽을 얻어먹기도 하고, 엄마가 냉장고에서 재료를 꺼내달라고 하면 재료를 꺼내오고, 손에 양념이 잔뜩 묻은 엄마를 대신해 반찬통 뚜껑을 열어준다던가 하는 나름 기특한 딸내미였다. 그런 만큼 엄마도 언니나 남동생보다는 나한테 심부름을 많이 시켰는데 그중에 하나가 바로 우유갑 펼치기였다. 엄마가 잘 씻어서 말린 1,000밀리리터 우유갑 서너 개를 거실에 놓고 가시면 그중 하나를 들어 긴 모서리 중에서 접합 부분을 찾아낸다. 찾아낸 접합 부분을 입구에서부터 살살 찢으면서 벌린다. 한쪽 모서리를 다 가르면 바닥면이 나오는데 이때부터는 좀 더 고난도의 기술을 요구한다. 딱지 모양의 바닥 부분은 삼각형 부분이 떨어지도록 살짝 비틀면서 천천히 양쪽으로 펼쳐야 깔끔하게 네모로 펼쳐진 우유갑을 만날 수 있다. 잘하면 상을 주는 것도 아닌데 깨끗하게 잘 펼쳐지면 왠지 모를 희열이 느껴졌다. 만일 작업에 실패해서 모양이 네모가 아닌, 삼각형의 이가 나간 사각형으로 펼쳐지면 왠지 더 잘할 수 있었는데 하는 아쉬움이 남곤 했다.

지금은 우유를 먹지 않기 때문에 우유갑이 아닌 아이가 먹는 두유나 주스의 멸균팩을 펼친다. 아이가 우유 알레르기가 있어서 우유 대신 두유나 주스를 마시는데 대부분 비닐 소재이거나 멸균팩에 들어있는 경우가 많다. 처음에는 멸균팩을 그냥 씻어서 말리기만 한 뒤 종이류와 함께 분리배출했었다. 그런데 멸균팩은 종이로 분리배출하면 재활용이 안 된다는 얘기를 듣고는 잘 씻어 말린 후 열 장씩 겹쳐 멸균팩 수거를 해주는 근처 한 살림 매장에 갖고 간다. 얼마 전에는 5살 아이에게 도와달라고 하고 함께 잘 씻어 말린 멸균팩 펼치기를 했다. 내가 모서리 부분을 가위로 잘라서 아이에게 주면 아이가 바닥 부분을 펼치는 식으로 분업했다. 우유갑에 비해 200밀리리터 작은 멸균팩은 바닥면이 잘 펼쳐져서 5살 아이가 하기에도 무리가 없었다. 초반의 의욕적이던 모습과 달리 후반에 가서는 약간 그만하고 싶어 하는 눈치였으나 어찌어찌 스무 장 정도를 아이가 도와주었다. 나는 칭찬 스티커 두 장을 붙여줬다. 멸균팩을 펼치고 있는 조그마한 아이의 손을 보고 있으니 어릴 적 거실에 앉아 우유갑을 펼치던 그때가 떠올라 미소가 절로 지어졌다.

멸균팩의 비닐 은박 부분은 파이프로, 종이 부분은 종이 타월로 재활용된다. 재활용 공정에는 시간당 1,500킬로그램이 필요한데 국내 수거량이 부족해 수입하고 있는 실정이다. 많은 멸균팩이 제대로 분리수거되지 않고 그냥 일반 쓰레기로 버려지고 있는 것이다. 조금 귀찮고 품이 들어도 제대로 분리수거가 되면 또 다른 자원으로 사용할 수 있다. 하지만 잘 몰라서, 또는 그런 것까지 신경 쓰고 싶지 않아서 소중한 자원들이 한 번의 사용으로 버려지고 있다. 말리는 시간을 제외하면 씻어서 펼치는 행동은 멸균팩 하나에 1분이 채 걸리지 않는다. 내가 할애한 1분이 멸균팩에게 종이 타월이 될 기회를 제공하는 셈이다. 내가 멸균팩이라면 지금 당장 쓰레기가 되기보단 종이 타월로 한 번 더 태어나 새로운 쓰임이 되길 원할 것 같다.

혹시 지금껏 멸균팩을 그냥 일반 쓰레기로 버렸다면 이제부터라도 멸균팩 수거에 동참해 보자. 집 근처 한살림 매장이나 알맹상점에서 만드는 거점 지도를 통해 당신의 지역 내 멸균팩 수거가 가능한 곳을 만날 수 있다. 동네 주민센터에서 우유 팩이나 멸균팩을 휴지나 종량제 봉투로 교환해 주는 곳도 있는데 지역별로 차이가 많은 듯해서 각 지자체에 연락해서 문의해 보면 좋을 듯하다. 환경부에서 이런 부분은 전국 주민센터에서 가능하도록 공통적인 가이드라인을 적용해 전국적으로 알리고 시행해 주면 어떨까 하는 생각도 해본다. 조금만 더 섬세해지면 지구가 조금 덜 뜨거워지지 않을까?

엄마의 마음까지 개운해지는 소창 행주

누군가 나에게 "가장 하기 싫은 일은 뭐예요?"라고 묻는다면 나는 정말이지 1초의 망설임도 없이 "살림이요"라고 대답할 것이다. 살림이 쉬워진다 하길래 유명한 블로거의 살림 책도 사 보고, 미니멀리스트가 되려고도 해봤다. 실제로 많은 양의 물건을 비웠고 예전보다 관리의 시간이 줄긴 했지만 여전히 나에게 살림은 개학 전날 방학숙제 같은 것이다. 특히 나는 청소하던 중 생긴 오염물질을 닦는 행위보다 걸레나 행주의 뒤처리가 더 싫은 사람이었다. 걸레라는 용도이지만 깨끗했던 그 상태가 더러워지는 게 무서워서 청소를 꺼리는 이상한 습성(?) 같은 것이 있었다. 이런 습성은 청소를 더 미루게 만드는 원인이 됐다. 물티슈 청소포, 일회용 행주, 빨아 쓰는 종이 타월 등 한 번씩은 다 사본 것 같다. 그런데 그럴 때마다 몸은 편해도 마음이 불편했다. 다 쓴 청소포 한 장을 쓰레기통에 넣을 때마다 내 마음에 도 쓰레기가 한 장씩 쌓여갔다.

아이가 막 태어났을 즈음, 고양이 두 마리와 신생아가 함께 산다는 부담감 같은 게 있었다. 남편과 나, 그리고 고양이 두 마리가 살 때보다 더 청결한 상태를 유지해야 했다. 공구하는 습식 청소포 한 박스를 덜컥 사버렸다. 박스에 열 개 정도의 습식 청소포가 들어있었다. 남편은 밀대에 습식 청소포를 꽂아서 매일 바닥을 닦았고, 한 번 청소할 때 두 장의 청소포를 사용하는 듯했다. 남편은 닦고 그냥 버리면 돼서 걸레보다 편하다는 말도 가끔 했다. 마음 한편이 찜찜하긴 했지만 그렇다고 내가 청소를 대신해 줄 수 있는 상황도 아니라 그냥 그러려니 넘겨버렸다. 아이가 태어나자 없던 살림이 늘어서 안 그래도 작은 집이 금방이라도 물건을 뱉어낼 듯 포화상태였고, 나는 미니멀리스트가 쓴 책들을 다시 읽었다. 그리고 집안의 물건을 비워내기 시작했다. 창고 같았던 작은방을 정리하다가 눈에 띈 습식 청소포 박스. 쓸 때마다 불편한 마음이 들었고, 젖은 내용물이 오래 보관되는 것도 왠지 찜찜했다. 이렇게나 많이 사는 게 아니었다. 습식 청소포는 여섯 개가 남아있었다. 바로 사진을 찍어 중고마켓에 올렸다. 내가 산 가격보다 조금 저렴하게 여섯 개를 모두 판매했다. 내가 안 써도 결국은 누군가가 써야 소모될 것이다. 어쩌면 내가 계속 써도 되는 것 아닐까 생각할 수도 있다. 조삼모사 같은 느낌이니까. 하지만 이렇게 생각하기로 했다. 내가 계속 사용했다면 청소포가 필요한 사람이 구매한 청소포와 내가 사용한 청소포의 쓰레기가 생기는 것인데, 내가 사용을 중단하고 중고로 판매함으로써 단 한 명분의 쓰레기가 생겨나는 것이다. 조금은 쓰레기를 줄인 거라고, 구차해 보여도 그렇게 생각하기로 했다.

사람은 망각의 동물이지 않은가. 이런 일을 겪고도 나는 또 일회용 행주를 사는 실수를 저질렀다. 행주에 그렇게 세균이 많다는 얘기에 혹해서 일회용 행주를 샀지만 역시나 쓸 때마다 마음이 불편해서 아직도 우리 집 싱크대 한편에 있다. 그나마 다행인 건 지난번 일회용 청소포만큼 많이 사진 않았다. 일회용 행주가 생각보다 만족도도 낮고, 쓸 때마다 죄짓는 기분이 들던 즈음, 얘기만 들어봤지 써본 적이 없던 소창 행주를 선물 받았다. 처음에는 색도 누렇고, 재질도 약간 빳빳한 느낌이라 한 번 삶아내는 '정련' 과정을 거쳐야 한다고 했다. 행주를 삶는 행위는 사실 나와는 거리가 먼일이라 여겼다. 왠지 프릴이 달린 하얀 앞치마를 맨, 살림 만렙인 주부들의 전유물이라고 생각했다. 나는 프릴은커녕 무지 앞치마도 입지 않고, 살림과 친하지 않은 사람이었지만 일회용 행주를 계속 쓸 수 없으므로 다른 선택지는 없었다. 이제 행주를 삶을 솥이 필요했다.

빨래 삶는 솥을 검색해 봤다. 이왕이면 나도 예쁜 살림을 들이고 싶었다. 어떤 살림 책에서 봤는데 살림이 좋아지기 위해서는 취향에 맞는, 이왕이면 예쁜 물건을 이용하라는 내용이 있었다. 그래봤자 빨래 삶는 솥이었지만 비싼 것도 내키지 않고 해서 결정하기까지 총 이 주나 걸렸다. 솥의 모양보다는 물을 붓고 들고 옮기기 편한, 그리고 튼튼해 보이는 스테인리스 잼팟을 샀다. 어차피 행주만 삶을 것이니 너무 클 필요는 없어 보였다. 과탄산소다를 넣고 폭폭 삶아 햇볕에 말린 행주는 아무도 밟지 않은 새벽의 눈처럼 깨끗했다. 행주에 얼굴을 파묻자 상쾌한 향이 났다. 사용하기 전처럼 깨끗하게 변하는 것을 반복적으로 보니 청소 후 더러워진 행주를 보는 게 예전처럼 불편하지 않았다. 다시 새하얗게 원래의 모습이 되는 소창 행주처럼, 지구의 대기도 물도 땅도 다시 원래의 모습을 찾을 수 있을까?

브라보, 마이 플라스틱 프리 세제 라이프

"엄마? 이게 뭐야? 다이소에서 샀어?!"

남편과 함께 만들어가고 있는 가구 브랜드는 일 년에 두세 번 리빙이나 공예 디자인 전시에 참가하고 있다. 전시 설치 전이나 철거하는 날에는 아무래도 아이 픽업이나 등원을 도와줄 수 없어서 친정 엄마에게 도움을 요청하곤 한다. 정신없는 며칠을 보내고 난 뒤 조금 여유가 생겨 집안일을 하려고 보면 내가 사지 않은 각종 세제들이 눈에 거슬린다. 주방 세제, 세탁 세제, 섬유 유연제, 청소 세제까지 내가 평소 쓰지 않는 것들이 구석구석 발견된다.

'그래. 엄마는 늘 쓰던 세제들이 익숙하겠지. 지금은 엄마가 우리 집 살림을 하고 계신 거니, 부탁하는 입장에서 내가 화를 내면 안 되지….'

친정 엄마가 내려가신 뒤 엄마가 쓰시던 각종 세제들을 구석에 잘 놔둔다. 엄마가 또 오셨을 때 쓰실 수 있도록.

주방 세제 대신 주방 비누를 쓴 지 거의 3년 정도 되어간다. 여러 브랜드의 제품을 써봤는데 대부분 거품도 세정력도 전혀 문제가 되지 않는다. 자리 차지도 덜하고, 설거지 때문에 플라스틱 쓰레기를 만들지 않아도 된다. 잔류 세제에 대한 걱정도 줄일 수 있다. 세제에서 주방 비누로 넘어가던 과도기에 소프넛을 접하게 됐다. 비누 성분을 가진 열매인데 대용량으로 구매한 적이 있었다. 소프넛을 미리 물에 끓여 추출한 뒤 주방 세제나 세탁 세제로 썼는데 가뜩이나 하기 싫던 살림에 없던 스텝이 하나 생긴 거 같아 더 하기 싫어졌다. 주방 비누를 쓰면서부터는 소프넛을 쓸 일이 없어졌다. 소프넛은 한동안 싱크대 하부장 한편에 고이 모셔두었다가 요즘엔 캠핑 갈 때 챙겨간다. 따뜻한 물이 나오는 캠핑장에선 냄비 한가득 따뜻한 물을 받아서 소프넛을 담군 후 설거지한다. 따뜻한 물이 안 나오는 캠핑장에서는 물을 끓여 소프넛을 우려낸다. 세제 통의 무게와 부피를 줄일 수 있어서 캠핑용으로 야금야금 쓰다 보니 어느새 바닥을 보인다.

섬유 유연제는 바디버든에 대한 다큐멘터리를 보고 나서부터는 따로 쓰지 않고 여름철에만 쓰는 편이다. 세탁 세제는 거의 한살림이나 제로 웨이스트 숍에서 세제 리필을 한번에 잔뜩 해 와서 쓰곤 했다. 그런데 이사를 하고, 세제 리필 숍 가기가 어려워졌다. 그래서 우연히 인스타그램 광고로 접하게 된 정제형 타입의 세제를 써보게 됐다. 코인 티슈를 연상하게 하는 작은 정제형이 과연 세탁이 잘 될까? 물에는 잘 녹을까? 의구심이 아예 안 들었던 건 아니다. 그렇지만 세제로 인한 오염을 줄일 수 있다 하니 일단 믿어보고 싶었다. 그리고 아이 옷만 때가 많이 묻지, 어른들 옷은 사실 때가 많이 생기지 않으니 세정력의 문제는 결정에 큰 영향을 미치지 않았다. 단 하나, 비용이 걸림돌이었다. 세탁 세제 삼십 정이 들어있는 한 곽의 가격이 3만 원이 조금 안 되는 가격이었다. 돈 없으면 친환경 실천도 못 할 지경이다. 일주일에 서너 번 세탁하는데 양이 많으면 두 정을 넣어야 하니, 한 달 치 빨래 세제가 2만 원이 넘는 셈이다. 가격 저항성이 좀 낮아져야 더 많은 사람이 환경을 위한 선택을 할 텐데, 평소에 다이소에서 3,000원짜리 세제를 사서 쓰던 사람들에게는 넘사벽 같은 가격인 것이다. 리필 숍에서는 세탁 세제 세 병, 식기세척기 정제형 세제, 천연수세미 등을 구매하고도 3만 원이 넘지 않는 가격이었다. 그런데 한 달 치 세탁 세제에 2만 원을 쓰자니 부담스럽지 않다면 거짓말이었다.

정제형 세제를 묶음으로 세 개 사면 좀 더 저렴해지고 추후에 또 구매하게 될 경우 배송으로 발생할 탄소 소비를 줄이고자 세 개 묶음으로 구매했다. 그리고 친정 엄마가 오시거나, 남편이 쉽게 사용할 수 있도록 정제형 세제가 들어있는 종이 상자에 "세탁 시 한두 정을 세탁조 안에 넣고 세탁"이라고 적어놓았다. 안 적어놓으면 친정 엄마가 오셔서 빨래 세제 없구나 하고 또 사 오실지 모르니까. 정제형 세제는 일반 표준모드로 세탁기를 작동시켜도 잔여 세제 없이 세탁이 잘 됐다. 세제 부을 때 옆으로 흐르거나 세탁기에 묻는 일이 없는 것도 편했다. 그리고 세 통을 사놨더니 생각보다 오래 써서 한동안 세탁 세제 걱정은 안 해도 될 듯하다.

이렇게 세 묶음으로 구매할 경우 한 통에 1만 6천 원 정도이고 매번 빨래 양이 많은 건 아니니 한 곽에 한두 달 정도 사용하는 것이다. 평균 한 달 반이라고 치면 한 달에 1만 원 정도의 비용이 드는 셈이다. 기성 세탁 세제 중에서 환경에 유익하고 인체에 해로운 성분을 배제했다는 친환경 세제들도 가격대가 1~2만 원이 넘어간다. 환경도 생각하고 간편하기도 한 정제형 제품은 내 기준에는 쓸 만하다는 결론이 났다. 리필 숍을 자주 갈 수 없는 나의 경우 돈이 좀 더 들어도 환경에 이로운 방향으로, 정제형 세제를 선택한 것이다.

그렇지만 나 같은 사람은 환경에, 플라스틱 프리에 그나마 에너지를 쓰려는 의지가 있는 사람이고, 대부분은 그렇지 않은 경우가 많다. 그래서 내가 생각하는 가장 이상적인 플라스틱 프리 라이프가 되려면, 대기업이 앞장서서 리필 스테이션을 곳곳에 만들고, 특히 주차도 쉽고 다른 거 사러 가는 김에 이용할 수 있는 대형 마트 같은 곳에 세제 리필 숍이 숍인숍처럼 생기는 것이다. 세제 리필을 위해서는 용기를 세척 소독하여 가져가야 하고, 리필 숍이 집에서 멀다면 차를 타고 가야 하니, 그냥 플라스틱 통에 담겨서 출시되는 보통의 세제를 구매하는 것에 비해 시간과 에너지가 많이 드는 일이다. 그렇기에 그 시간과 에너지를 줄여줘야 이용 빈도가 늘어난다. 엘지생활건강 같은 기업에서 지금 바로 추진해야 할 신사업은 리필 스테이션 아닐까? 그러면 기업의 이미지도 올라가고, 가치 소비를 하는 요즘 세대들이 더 많이 이용할 테니까.

많은 사람이 애쓰지 않아도 플라스틱 프리 생활을 조금이라도 더 할 수 있으려면 관련 업계와 정부의 적극적인 규제와 참여가 필요하다. 생산은 기업이 해놓고 그에 따른 이윤은 다 받아놓고 처리는 소비자에게만 맡기는 아이러니. 이런데도 계속 기업 배불리는 소비를 해야 할까? 이미 이 땅에는 너무 많은 복합소재의 플라스틱이 있을 것이다. 이러다 우리가 살고 있는 땅

전체에 플라스틱을 깔고 사는 날이 오지 않을까? 줄일 수 있는 방법은 존재한다. 모른 척하지 말고 실천해 보자. 내가 할 수 있는 가장 쉬운 방법부터.

외출할 때만 마실 수 있어!

레토르트 파우치 음료

육아를 하면서 사고 싶지 않지만 사게 되는 품목 중에 하나가 바로 레토르트 파우치에 들어있는 과채주스다. 우리 아이는 우유를 먹지 못하니 아무래도 주스라도 챙겨야 했고 주로 한살림에서 사과당근주스나 포도주스를 사곤 했다. 하루에 적게는 한 개, 많게는 두세 개, 설거지를 하기에 앞서 싱크볼에 있는 레토르트 파우치를 정리하는 게 참 귀찮은 일이었다. 게다가 사과당근주스가 들어있는 레토르트 파우치는 어린이들이 먹기 좋게 플라스틱 빨대가 붙어있어서 그 부분을 잘라내야 했고, 잘라낸 플라스틱은 비닐과 밀착이 너무 잘되어 있어서 분리수거 없이 바로 쓰레기통으로 폐기해야 했다. 빨대는 달려 있지 않았지만 두유가 담긴 레토르트 파우치 역시 설거지를 하기에 앞서 처리해야 하는 것 중 하나였기에 뭔가 하나라도 더 줄였으면 하는 마음이 들었다.

여느 때처럼 한살림에서 장을 보다가 유리병에 들어있는 1리터짜리 사과당근주스와 포도주스가 눈에 들어왔다. 집에서 굳이 레토르트 파우치에 들어있는 주스를 마실 이유가 없었다. 아이가 주스를 찾으면 컵에 따라 스테인리스 빨대를 꽂아주면 되는 거였다. 그때부터 유리병에 든 사과당근주스나 포도주스를 사 왔다. 빨대가 달린 레토르트 파우치는 외출할 때만 챙겼다. 나중에는 이 빨대가 붙어있는 레토르트 파우치도 줄이는 게 낫겠다 싶어서 빨대 없는 레토르트 파우치에 스테인리스 빨대를 챙겨 다니고 있다. 빨대가 붙은 레토르트 파우치의 주스를 그대로 먹이고 그냥 쓰레기통에 던져 넣는 건 세상 간편한 일이다. 아이의 주스 때문에 다회용 빨대를 챙기고, 사용한 빨대를 집으로 다시 가져가서 세척하지 않아도 되니까 말이다. 하지만 우리 아이가 하루에 딱 한 개의 빨대만 사용한다고 했을 때 1년이면 365개의 재활용되지 못하는 플라스틱이 생긴다. 우리 아이만 마시나? 우리 아이 어린이집 친구, 동생들 모두 그런 주스를 마신다고 가정하면 우리 아이가 5살 때 다닌 어린이집 원아가 150명이었으니 주스 한 잔으로 발생되는 플라스틱 폐기물이 54,750개가 나온다는 얘기다. 대한민국 전체 아동의 수를 대입해 보지 않아도 천문학적인 숫자의 플라스틱 쓰레기가 나온다.

플라스틱이 무조건 나쁘다는 건 아니다. 플라스틱이 꼭 쓰여야 하는 의료장비나 주사 같은 도구 덕에 많은 인류가 더 안전하게 의료 서비스를 받을 수 있다. 다만 문제는 다른 재료가 복합적으로 붙어있어서 분리배출이 안 되거나 너무 작아서 재활용의 소재로 이용되지 못하는 경우이다. 이런 경우에는 일반 쓰레기로 분리되어 매립이나 소각되는데, 이때도 환경에 유해한 물질을 방출한다.

기업이 이제는 이런 제품을 개발할 때 폐기 시 환경에 끼치는 영향까지 반드시 고려해야 한다. 이는 정부의 적극적인 규제가 수반될 때 가능한 것이다. 소비자는 이런 제품을 구매 안 함으로써 기업과 정부의 변화를 이끌어내야 한다. 조금 귀찮아도 대체할 수 있는 방법은 있다. 조금이라도 줄일 수 있다면 그 방법을 택해야 한다. 나에겐 조금이지만 모두가 조금만 줄인다면 그 양은 결코 조금이 아니다. 다른 누구도 아닌 내 아이 내 조카가 살아갈 터전이 플라스틱으로 가득한 땅이 되어서는 안 된다. 오늘부터라도 작은 것 하나라도 줄여야 한다.

흔들리는 꽃들 속에서 네 비누 향이 느껴진 거야

2003년 개봉한 권상우 김하늘 주연의 로맨틱 코미디 영화 〈동갑내기 과외하기〉에서 권상우가 김하늘에게 묻는다.

"샴푸 뭐 써?"

그러자 로맨틱한 무드를 깨는 김하늘의 대답.

"비누 쓰는데?"

대사가 정확히 기억나진 않지만 어쨌든 나를 비롯한 영화관에 있던 사람들 모두가 웃었던 부분이다. 그런데 이건 2003년이었기에 가능한 웃음 포인트다. 지금은 비누로 머리 감는 사람이 많을 테니까. 사실 나도 샴푸 대신 비누, 그러니까 샴푸바를 쓴 지는 몇 년 되지 않았다. 샴푸바를 쓰기 전에는 '물비누'라는 코코넛 유래 성분의 순비누 제품으로 머리도 감고 몸도 씻고 얼굴도 씻었다. 미니멀 라이프 책을 통해 알게 된 물비누. 이것 하나면 클렌징 폼, 샴푸, 보디 워시가 필요 없어진다. 물비누 리필만 사서 계속 통 하나에 쓰고 있으니 버려질 플라스틱 통을 두세 개 줄인 셈이다. 그렇지만 문제는 물비누 리필용 봉투였다. 플라스틱 통에 담긴 샴푸나 보디 워시를 사용하는 것에 비하면 탄소 배출을 70퍼센트는 줄일 수 있었다. 하지만 만일 샴푸바를 사용하면 이마저도 줄일 수 있으니 제품을 변경해야겠다고 생각하고 있었다. 공방에 수업을 들으러 오시는 수강생분이 샴푸바를 선물해 주셨다. 직접 사용해 보니 샴푸바에 대한 오해를 완전히 해소할 수 있었다. 내 머리카락은 샴푸를 쓸 때보다 건강해 보이고, 머릿결이 뻣뻣해지지도 않았다. 그렇게 샴푸바에 입문하고부터는 샴푸바로 머리 감고, 비누로 얼굴과 몸을 씻는다.

사실 씻을 때마다 생각하는 건 비누 하나로 머리도 감고 몸도 씻고 얼굴도 씻으면 좋겠다는 생각이다. 미니멀리스트들 중에는 도브 비누로 머리부터 발끝까지 씻는 사람들도 있는데 찾아보니 도브 비누는 약알칼리성인 일반 비누와 달리 신뎃 Syndets 이라는 비누화 과정을 거치지 않은, 비누 성분에 코코넛 오일 유래 계면활성제를 배합한 약산성 세정제인 것이다. 그래서 세정력은 조금 떨어질 수 있지만 보습력이 좋고, 우리 피부가 PH 5.5이고 도브가 PH 6이니까 온몸 사용이 가능하다는 것. 찾아보니 도브 외에도 세타필 비누, 아비노 비누 등을 올인원 비누로 추천하는 것 같다. 하지만 나는 피지가 폭발하는 지성 피부라 망설여진다. 뭐 꼭 올인원 비누를 쓰지 않더라도 괜찮지 않을까? 샴푸바든 숙성비누든 대부분의 비누는 플라스틱 통에 들어있지 않고, 포장도 종이포장이니까 말이다. 대부분이라고 표현한 건 종이 박스로 포장된 설거지바를 구매했는데 속 포장이 비닐이어서 당황했었다. 그 뒤로 동구밭 브랜드에서 설거지바를 벌크포장으로 구입한다. 가끔 지인에게 설거지바를 한 덩이씩 선물하기도 한다.

플라스틱 쓰레기도 생기지 않고 기능도 동일한 샴푸바가 있음에도 사람들이 여전히 마트에서 샴푸를 사고, 린스를 사는 이유는 뭘까? 흔히 많이 사용하는 샴푸, 컨디셔너 등의 제품은 대기업이 만들고 광고하는 제품들이다. 제품 원가의 70퍼센트가 광고비다. 나도 모르는 사이에 이런 대기업 제품의 광고를 접하게 된다. 예쁜 모델의 찰랑거리는 머릿결을 보면 왠지 내 머릿결도 저렇게 되지 않을까 하는 생각이 절로 든다. 장 보러간 마트에서 텔레비전 광고가 떠올라서, 1+1 행사에 혹해서, 샴푸 떨어져가는 게 생각나서 나도 모르게 제품을 집어들게 된다.

스타벅스에 사람이 많은 이유는? 스타벅스 매장이 많기 때문이다. 스타벅스 매장을 보고 얼마 가지 않아서 또 다른 매장을

My Soaps

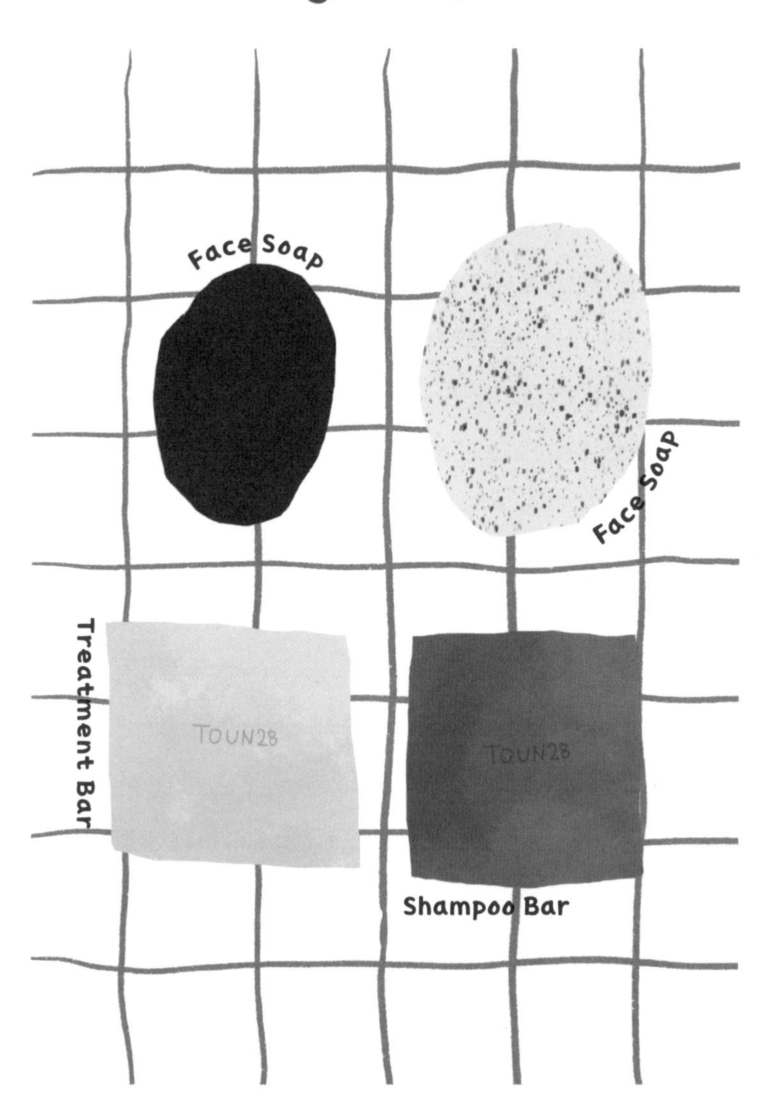
Face Soap
Face Soap
Treatment Bar
TOUN28
TOUN28
Shampoo Bar

본 경험, 다들 있을 것이다. 그리고 기본적으로 인간은 변화보다 현 상태를 유지하고 싶어 한다. 새로운 걸 탐색하고 경험하는 건 에너지 소모가 꽤나 되는 일이다. 게다가 가보지 않은 길을 간다는 건 용기가 필요하다. 그렇기에 플라스틱을 줄일 수 있는 방법을 알고 있음에도 여전히 현 상태를 유지하는 것이다. 빙하가 녹고 북극곰이 먹을 게 없어서 쓰레기를 뒤지고, 뱃속에 플라스틱만 가득한 해양 동물의 사체가 발견됐다는 뉴스 기사를 접해도, 그게 당장의 나와는 무관한 일이라고 생각한다. 나 하나쯤이야 지금까지처럼 플라스틱 용기에 들어있는 샴푸를 쓰고, 컨디셔너도 쓰고, 보디 워시도 쓰는 게 뭐 얼마나 환경에 영향을 끼치겠는가? 그런데 거꾸로 우리나라 인구 전체가 나 하나라도 바꿔보자는 마음으로 모두가 샴푸바만 사용한다고 가정해 보자. 대기업이 계속해서 분리수거도 잘 안 되는 복합소재 용기에 담긴 샴푸, 컨디셔너, 보디 워시를 생산할까? 수요가 없으면 공급이 줄어들 수밖에 없다. CD플레이어가 나오자 워크맨이 사라지고, MP3 플레이어가 나오자 CD플레이어가 사라지고, 스트리밍 서비스가 등장하자 MP3플레이어가 사라졌다. 샴푸바가 나왔으니 플라스틱 통에 들어있는 샴푸가 사라지길 기대하는 건 너무 헛된 바람일까? 이 바람을 담아 노래를 흥얼거려본다.

"흔들리는 꽃들 속에서~ 네 비누 향이 느껴진 거야~"

3부

내 아이를 위한 제로 웨이스트

환경과 건강 두 마리 토끼를 다 잡을 수 있는 스테인리스 팬

어릴 때부터 고등학생 때까지 수족냉증이 심하고, 하체 부종이 심했다. 심한 피부 트러블에 생리통도 심했기에 평소 건강에 관심이 많았다. 대학생이 되면 좋아질 거라는 피부 트러블은 그대로고(어른들은 그런 말을 너무 쉽게 한다) 상, 하체의 불균형은 이제 막 대학생이 된 그때의 나에게는 아주 커다란 스트레스였다. 그래서 《생강홍차 다이어트》라는 책을 샀던 것 같다. 책에서 나온 대로 생강홍차를 매일 마시려고 했다. 덕분에 손발이 많이 따뜻해졌다. 오랜 시간이 지난 지금 생강홍차를 마시지는 않지만, 책에서 본 문장만큼은 마치 어떤 하나의 모토처럼 나의 뇌에 각인되었다.

"당신이 먹는 것이 당신입니다."

대학 졸업 직후, 기숙사에서 나와 친구랑 함께 자취를 하던 때였다. 홈쇼핑에서 해피콜 프라이팬이 대유행을 한 적이 있었다. 프라이팬 하면 테팔이던 그때 국산 해피콜 프라이팬이 새로운 다크호스로 급부상하면서 그렇게 코팅력이 좋다는 말에 나도 하나 샀다. 그때는 별생각이 없었다. 어떤 다른 대안이 있는지조차 몰랐다. 그냥 프라이팬은 다 테팔 아니면 해피콜이라고만 생각했다.

결혼을 하면서 살림도구에 좀 더 많은 관심을 갖게 되었고, 결혼 선물로 친구에게 받은 무쇠 프라이팬이 기름으로만 시즈닝을 하면 자연스럽게 코팅이 된다는 걸 알게 되었다. 무쇠 팬을 쓰고 있는 많은 사람이 코팅 팬의 위험성 때문에 무쇠 팬을 쓴다는 사실을 인터넷 검색을 통해 알게 되었다. 집에 있는 코팅 프라이팬을 사용하기가 꺼림칙해졌다. 그렇지만 28인치 프라이팬을 무쇠 팬으로 사려니, 무게도 무게지만 쥐꼬리만한 월급쟁이가 사기에는 부담스러웠다. 게다가 그때는 남편도 나도 회사를 다녔고, 늘 야근을 해서 주말에만 집에서 밥을 해먹었다. 당장 바꿔야 한다는 생각은 못 하고 있었다. 결혼 후 3년 차에 친정 엄마가 당신은 도저히 못 쓰겠다며 나에게 유명 브랜드의 스테인리스 프라이팬 두 개를 보내줬다. 사려고 하면 비싼 값을 줘야 하는 스테인리스 팬이 거저 생겼으니 어떻게든 이

걸 잘 사용하고 싶었다. 네이버 검색도 하고, 유튜브도 찾아봤다. 그러다 한 남자분의 유튜브를 봤는데 예열이 충분히 됐는지 알아보는 방법으로 물방울을 떨어뜨렸을 때 바로 증발되지 않고, 물방울의 형태를 유지한 채 이리저리 굴러다니면 예열이 잘 된 상태라는 것. 그 뒤로 항상 손에 물을 묻혀 예열 중인 프라이팬에 떨어뜨려본다. 물방울이 이리저리 춤을 추며 돌아다니면 은근한 쾌감마저 든다.

무쇠 팬이 기름으로 시즈닝 해서 코팅의 효과를 내는 것이라면, 스테인리스 프라이팬은 어떤 원리로 코팅 효과를 내는 것일까? 왜 어떤 때는 눌어붙고, 어떤 때는 코팅 팬처럼 들러붙지 않는 걸까? 스테인리스의 정확한 명칭은 '스테인리스강'으로 철강의 내식성을 보완하기 위해 만들어진 합금강이다. 철강도 표면에 미세한 기포들이 있는데 이 미세한 기포들은 열이 가해지면 철이 팽창하면서 기포를 막게 되는 것이다. 충분한 예열을 하지 않고 스테인리스 프라이팬을 사용했을 때 음식물이 들러붙는 이유는 바로 이 기포 때문이다. 충분한 예열을 해서 철이 팽창하면 기포들이 막혀서 그만큼 요철이 사라지고, 코팅의 효과를 갖게 되는 것이다. 그런데 우리나라 사람들은 너무나 바쁘기 때문에 3~4분의 예열 시간도 기다리지 못해서 코팅 팬을 사고 또 산다. 재료 준비를 하는 와중에 미리 예열을 시작하면 되는데 재료 준비 다하고서는 재료 넣기 직전에 불을 켜니, 3~4분이 너무나 길게 느껴져서 1분 기다리고는 기름을 두르고 바로 재료를 넣어버린다. 여기저기 눌어붙어 엉망이 된 요리를 보며, 안 되겠다 다시 코팅 팬으로 돌아가자 하는 사람이 꽤 많은 듯하다. 그러고는 코팅이 안 벗겨지게 나무 조리 도구나 실리콘 조리 도구를 쓰면 된다고 생각한다.

이 불소수지 코팅이 된 프라이팬을 물이나 식용유 없이 밀폐된 공간에서 가열할 경우 매우 치명적인 폴리테트라플루오로에틸렌 PTEF 이 발생되며, 이 물질은 냄새가 전혀 나지 않기 때문에 위험성을 알아차리기 힘들다고 한다. 국내 산모 264명 중 82퍼센트의 산모 모유에서 과불화합물 PFAS 이 검출되었다는 뉴스 보도도 있었다. 과불화합물은 발암물질이며 호흡기를 통해 체내에 쌓인다. 미국이나 유럽에서는 이미 판매를 금지하고 있는데 우리나라에서는 아직도 코팅제로 사용되고 있는 실정이다. 코팅이 벗겨지면 중금속에 노출될 위험과 벗겨진 코팅제가 섞인 음식을 먹게 될지도 모른다. 코팅 팬, 프라이팬에만 있는 것이 아니다. 집집마다 없는 집이 없는 밥솥과 에어프라이어 내솥도 모두 불소수지 코팅이 된 제품들이다. 밥솥은 물을 넣고 가열하는 제품이니 제외한다고 쳐도, 에어프라이어는 물 없이 200도가 넘는 온도로 가열되기도 하는데 폴리테트라플루오로에틸렌으로부터 안전하다고 할 수 있을까?

우리 집 밥솥의 내솥은 스테인리스로 되어있다. 14년 쓰고 새로 바꾼 오븐도 내부가 스테인리스인 것으로 찾아서 구매했다. 밥솥 내솥이 스테인리스라서 코팅 내솥보다는 밥알이 들러붙긴 하지만 나름 노하우가 생겨서 전만큼 많이 들러붙지는 않는다. 따끈한 밥을 덜어서 식사할 동안 밥솥의 전원을 끄고 뚜껑을 덮어두면 뜨거운 김 때문에 내부가 약간 촉촉해져서 밥을 밀폐용기에 옮겨 담을 때 내솥에서 깔끔하게 떨어진다. 불소수지 코팅이 된 내솥보다야 밥풀이 좀 붙긴 하지만 가족, 특히 어린아이의 건강을 생각한다면 그 정도는 충분히 받아들일 수 있다.

밥솥의 내솥을 스테인리스 재질로 된 제품으로 바꿔야겠다고 생각하고 알아보는 동안 놀라웠던 사실은 불소수지 코팅의 위험성이 꽤 많이 보도되었고 다들 인지는 하고 있음에도 불구하고, 스테인리스 재질의 제품을 사용하는 사람들이 생각보다 적다는 것이다. 특히 밥솥계의 양대 산맥이라고 볼 수 있는 쿠쿠, 쿠첸 회사의 제품 중에서는 스테인리스 내솥 제품을 찾기가 힘들었다. 스테인리스 내솥이라고 해서 보면 스테인리스 재질 위에 밥이 닿는 부분에만 또 한 번 코팅한 제품들뿐이었다.

그래놓고 스테인리스 내솥이라고, 당당히 적어놓은 설명을 볼 수 있었다. 겨우 찾은 제품 중 하나는 미국 제품이었는데 가격이 좀 비쌌고, 하나는 풍년이라는 국내 회사에서 앞서 얘기한 미국 제품을 벤치마킹한 제품 같았는데 가격이 훨씬 저렴했다. 또 압력밥솥을 오래 만들어온 회사니까 밥맛만 본다면 국내 브랜드의 제품이 더 낫지 않을까 해서 선택했는데 지금 너무나 만족하며 사용 중이다.

눈 가리고 아웅 하는 코팅 내솥의 실정처럼, 프라이팬 쪽도 상황은 마찬가지다. 지금도 스테인리스 프라이팬이라고 검색하면 가장 먼저 나오는 프라이팬의 형태는 겉만 프라이팬이고, 음식이 닿는 안쪽은 코팅이 된 제품이다. 잘 모르는 사람이라면 그냥 스테인리스가 좋다고 어디서 들은 걸 토대로 구매할 수도 있다. 그나마 요즘은 스텐인리스로 된 내솥의 전기밥솥을 크고 작은 브랜드에서 내놓는 것 같긴 하지만 여전히 많은 사람이 코팅 내솥을 쓰고 있다.

코팅 내솥을 쓴다고, 코팅 프라이팬을 쓴다고 해서 내일 당장 나나 우리 가족 중 누군가가 아픈 건 아니다. 보이지 않고 확인할 방법은 없지만 그렇다고 해서 존재하는 유해성이 사라지는 건 아니다. 나와 내 가족의 몸에 차곡차곡 쌓이고 있는 것이다. 지금의 지구처럼 말이다.

줄이기 위한 소비

나는 '환경을 위한다면 일단 안 사고 보자'라는 마음을 먹은 사람인지라, 뭔가를 살 때 정말 오랜 시간 고민하는 편이다. 그렇게 고민을 거듭하다가 결국은 안 사는 쪽으로 대부분의 결론이 난다. 최근에 가장 오랫동안 고민한 제품이 있는데 바로 음식물처리기다. 거의 1년 정도 고민했다. 음식물 처리기는 타입도 여러 가지라서 타입별 제품들의 작동 원리와 편의성 환경 유해성 등을 비교해 봤다. 친언니도 사용하고 있고, 지인 중에도 사용하고 있는, 갈아서 하수구로 배출하는 방식은 편의성으로 보면 가장 점수가 높지만 아무리 생각해도 갈아서 하수구로 내보낸다는 게 내키지 않았다. 환경부의 인증을 받았다 해도 왠지 썩 내키지가 않았다. 말려서 갈아버리는 제품은 아무래도 바짝 말리는 과정에서 에너지 소모가 많을 것이고, 고속으로 갈아도,

또 양이 많아도 에너지 소모가 많을 것 같아 제외했다. 마지막으로 미생물 방식. 냄새도 적고, 에너지 사용량도 크지 않고, 이동이 용이하고 환경에 무해한 것 같아서 미생물 방식의 음식물 처리기로 정했다. 실제 사용 후기만 찾아서 읽고 또 읽었다. 하지만 괜히 사서 활용도 못 하고 또 거대한 쓰레기를 만들어내는 건 아닌가 싶어서 한 세월을 보냈다.

그러던 어느 날 우연히 펀딩 사이트에서 《SSSSL[:쓸]》이라는 환경 매거진의 펀딩을 보게 되었다. 환경 매거진은 처음이라 궁금했다. 마침 비건 음식에 관한 내용이 실린 이번 호와 과월호 두 권을 후원했다. 집에 도착한 매거진 중 하나를 펼치자 음식물 쓰레기에 대한 내용이 담겨 있었다. 그 기사에 따르면, 우리나라에서 버려지는 음식물 쓰레기는 연간 약 500만 톤이라 한다. 중국과 미국 다음으로 우리나라가 많이 버린다고 한다. 인구수로는 삼 등이 아닌데, 음식물 쓰레기 배출은 삼 등이라니! 팬데믹 이후 늘어난 배달 음식과 각종 영상 매체에서 일명 '먹방'의 유행도 음식물 쓰레기 배출량 증가에 한몫할 듯하다. 배달 용기로 인한 플라스틱 쓰레기까지 더하면 한 끼의 음식을 먹기 위해 얼마나 많은 탄소발자국을 만들어내고 있는 걸까?

전국의 음식물 쓰레기 20퍼센트를 줄이면? 온실가스 배출량 177만 톤 CO_2 감소 효과, 다른 예로 들면 소나무 3억 6천만 그루를 심는 효과라고 한다. 내가 일 년 동안 음식물 쓰레기의 20퍼센트만 줄여도, 나는 환경을 위해 소나무 57그루를 심은 셈이다. 그리고 쓰레기 수거하는 차량에 탑승해서 수거 과정을 지켜보며 인터뷰한 기사가 있었다. 하루 세 번 쓰레기를 수거하고 쏟아내고 다시 수거하는 차량에서 나온 음식물 쓰레기만 9톤이라 한다. 두 번 더 수거한다면 27톤의 음식물 쓰레기가 작은 지역 단위인 '동'에서 나오는 것이다. 음식물 쓰레기로 버리면 안 되는 알루미늄 캔이나 게 껍데기 등에 찔리고 베이는 일이 다반사였고, 악취와 벌레 구더기 등으로 너무나 열악한 환경에서 일하고 있는 분들의 이야기가 실려 있었다. 음식물을 줄이려면 각 가정에서 무조건 말려야 조금이나마 발전이 있을 것 같다고. 실제 현장에서 일하시는 분들의 현실적인 조언이자 바람이었다. (《SSSSL[:쓸] : vol.5 [2019]》 참고)

음식물 쓰레기 처리의 가장 이상적인 방법은 퇴비화이다. 음식물 쓰레기가 예전에는 사료화 또는 퇴비화로 재활용되었는데 사료는 여러 가지 문제가 있어 이제는 거의 다 퇴비화한다고 한다. 어릴 때 할머니 댁 마당 한편에는 커다란 포대로 덮어 놓은 흙무더기가 있었다. 할머니는 식사 후에 생기는 음식물을 그곳에 부었다. 음식물 쓰레기통이나 수거 따위 필요 없는 시스템이, 농사를 짓는 할머니의 마당에서 가능했다.

나의 위시리스트 목록에 있던 음식물 처리기도 미생물을 이용해 퇴비화한다. 만일 텃밭이 있다면 퇴비로 바로 사용해도 되는 좋은 시스템이다. 그렇지만 나에게는 텃밭이 없으니 퇴비가 생겨도 지금은 무용지물이고, 가정 내 화분에 사용할 경우 날파리가 생길 수 있어서 일반 쓰레기로 버려야 하는 상황이다. 하지만 음식물 쓰레기 상태로 매립이 될 경우 자연물이라 할지라도 메탄가스가 발생한다고 하니, 퇴비화해서 버리는 편이 더 낫다는 결론을 내렸다. 그리고 여름 과일을 먹고 난 이후 벌어지는 날파리와의 지긋지긋한 전쟁을 좀 끝낼 수 있지 않을까 하는 마음에 여름이 다시 오기 전인 어느 늦은 봄에 음식물 처리기를 구매했다.

오랜 시간 고민했던 음식물 처리기는 정말이지 신통방통하게 음식물을 금방 처리했다. 걱정했던 것과 달리 냄새도 그다지 나지 않았다. 음식물 처리기의 뚜껑을 열고 일부러 냄새를 맡아야 약간 한약방에서 날 것 같은 향 정도가 날 뿐이었다. 수박 껍질같이 수분이 많은 음식물 쓰레기를 제외하고, 핵과류 씨앗이나 조개껍질, 양파 껍질, 옥수수대 등 원래도 음식물 쓰레기로 내면 안 되는 것들을 제외하면 모두 음식물 처리기가 처리해주었다. 되도록이면 필요한 만큼만 장 보고 먹을 만큼만 조리해서 그때그때 다 먹는 게 가장 좋긴 하지만, 아무리 결심을 해도 늘 음식물 쓰레기가 조금씩 나오는 탓에 마음이 불편했다. '미생이'가 오면서 그래도 좀 덜 미안하다. 아직 미생이의 할부가 끝나지 않았지만, 미생이를 들인 것을 후회하지 않는다. 다만 문을 수동으로 열어야 하는 건 나의 판단 미스였다. 그래도 뭐, 그 정도는 수고롭지도 않다. 음식물 쓰레기를 버리기 위해 마스크를 쓰고, 엘리베이터를 타고 내려갔다 다시 올라와야 하는 일에 비하면 말이다.

매일 쓰는 거니까 자연에 가까운 소재로

정리 정돈, 살림에 약한 나는 이런 점을 보완하고자 관련된 책을 가끔 보는 편이다. 전자책 스트리밍 서비스를 이용 중에 미니멀, 수납 이런 키워드로 책을 찾다가 《수납 공부》라는 책을 우연히 보게 되었다. 이 책은 정리와 수납의 8가지 기본 법칙을 "수납 공부 선언문"이라 칭하며 본문 가장 앞쪽에 소개했는데 그중 5번째 항목의 내용은 이러하다.

> "05. 플라스틱은 사용하지 않는다 : 나무, 유리, 도자기 등 지속 가능한 자연재료로 만든 제품을 찾아보자. 환경을 해치지 않는 것은 물론이고 플라스틱 제품처럼 요란하게 거슬리지 않아 숨길 필요가 없다."
>
> —《수납 공부》 중에서

요즘 〈신박한 정리〉 같은 미니멀 정리 프로그램이 인기를 끌고, SNS에 자신의 집 인테리어나 수납 팁을 공유하는 인플루언서들이 많아졌다. 덕분에 유용한 살림 팁 정리 팁도 얻고, 나도 잘 정리해 봐야지 하는 동기부여도 얻게 된다. 그런데 그럴 때마다 나에게 한 가지 걸림돌이 있다. 바로 수납을 위한 플라스틱 바구니였다. 정리의 기본은 안 쓰는 물건 필요 없는 물건을 내보내는 것이고, 그다음은 '제자리'를 정해놓는 것이다. 제자리를 정하는 방법은 같은 용도의 물건을 하나의 바구니에 담는 것이다. 그리고 많은 수납 전문가나 인플루언서들은 색상, 재질 등을 통일해 좀 더 깔끔하게 보이는 하얀 플라스틱 바구니를 이용하였다. 불가피하게 생겨나는 플라스틱 쓰레기도 많은데 내 돈을 들여 플라스틱 바구니를 사야 하는 게 불편해서 정리를 자꾸 미루기도 했다. 그래서인지 《수납 공부》라는 책의 단호한 "플라스틱은 사용하지 않는다"라는 말은 그동안의 내 고민을 인정해 주는 느낌이었다. 단단한 재질의 종이 수납 박스, 얇은 소나무로 된 수납함, 라탄으로 짠 바구니, 철제 박스 등을 수납에 적극 활용했다. 이런 자연 소재 수납함의 장점은 무엇을 담고 있더라도 예뻐 보인다는 것이다. 종류가 많지 않고 비싸다는 게 단점이라면 단점일 수 있겠다.

우리는 생활하면서 너무 많은 플라스틱을 소비하고 있다. 매일 쓰는 칫솔, 매일 쓰는 수세미, 샤워 타월, 빨대, 아이들 장난감, 음료나 식재료를 사면서 생기는 플라스틱들. 너무 많아서 다 열거할 수도 없을 정도다. 모든 플라스틱이 나쁜 건 물론 아니다. 계속해서 반영구적으로 재사용이 가능하거나, 리사이클을 통해 또 다른 자원으로 쓰일 수 있다면 그나마 다행이다. 그런데 그렇지 않은 것들이 있다. 칫솔은 칫솔모와 칫솔대 부분의 소재가 다르기 때문에 리사이클 되지 못하고 일반 쓰레기로 처리되어야 한다. 우리가 그동안 흔하게 써왔던 수세미나 샤워타월도 대부분 폴리나 나일론 소재이고, 사용 후 분리배출이 아닌 일반 쓰레기로 배출되어야 한다. 빨대는 너무 작고 가벼워 리사이클 되지 못한다. 방금 언급한 제품들은 다 소모품이기에 나 혼자라고 생각하면 아주 작고 사소한 문제일 수도 있지만, 전 세계 79억 인구가 이런 플라스틱을 해마다 몇 개씩 버린다고 생각하면 문제가 달라진다. (미국 치과의사협회는 칫솔을 잘 관리한 경우에 한 해 3~4개월 주기로 칫솔 교체를 권장한다. 전 세계의 모든 사람이 이런 권장 사항을 따를 경우, 매년 약 230억 개의 칫솔이 쓰레기로 버려진다.)

그나마 다행인 건 환경을 생각하는 몇몇 착한 기업들이 이를 대체할 만한 제품들을 만들고 있고, 사용자가 늘고 있다는 사실이다. 이제는 많은 사람이 사용하고 있는 대나무 칫솔은 어쩌

My Bamboo Goods

면 건강을 위해서라도 꼭 바꿔야 하는 제품 아닐까. 처음 대나무 칫솔을 알고 나서는 바로 사용하지 않았다. 나무 소재는 물이 닿으면 표면이 일어나기 때문에 입안에 가시가 박히면 어쩌나 하는 걱정이 들어서였다. 막연히 호기심만 갖고 있던 시기에 제로 웨이스트 숍에 세제 리필을 하러 갔을 때 대표님에게 가장 쉽게 시도해 볼 수 있는 제로 웨이스트 용품을 추천해달라고 하자, 망설임 없이 대나무 칫솔이라고 말씀하셨다. 생각보다 괜찮고, 가격 부담도 없어서 실패(?)해도 괜찮다는 이유였다. 그길로 대나무 칫솔을 사 왔다. 3,000원이 넘지 않는 가격이었고 칫솔의 사용감은 내 예상보다 훨씬 좋았다. 대나무라고 하지만 그냥 플라스틱 느낌과 크게 다르지 않았다. 덕분에 지금까지 계속 대나무 칫솔을 쓰고 있다.

기능성 때문에 대나무 칫솔의 칫솔모는 아직 나일론 6 소재인 경우가 많은데, 이 부분도 최근에는 식물성 원료로 바꾸려는 시도를 많이 한다고 한다. 대나무 칫솔에 쓰이는 모소 대나무의 경우 하루에 30센티미터씩 자라는 다년생 풀이기 때문에 산림파괴에 대한 우려도 적다. 플라스틱 칫솔이 매립될 경우 자연적으로 분해되는데 500년 이상이 걸리고, 분해가 아닌 풍화에 의해 미세한 형태로 분해될 뿐 완전히 사라지는 것도 아니다. 대나무 칫솔은 대나무 부분이 생분해되는 데 6개월밖에 걸리지 않으며,

소각 시에도 탄소 배출이 플라스틱 칫솔에 비해 현저히 낮다.

지금은 유행이 조금 사그라든 것 같고, 유해성에 대한 인지로 뜨개 수세미를 쓰는 사람이 전보다 적어진 것 같지만 여전히 많은 사람이 사용하고 있는 반짝반짝 뜨개 수세미. 한때 세제가 소량이어도 거품이 잘 나고, 세정이 잘 된다는 이유로 친환경 수세미라는 말도 안 되는 수식어가 붙은 제품이었다. 뜨개 금손들이 너 나 할 것 없이 수세미를 너무나 예쁘고 귀엽게 떠서 '함뜨수세미'라며 SNS에 인증하는 것을 마냥 예쁘다 귀엽다 볼 수만은 없었다. 차라리 만들기만 하고 아까워서 사용하지 않았으면 좋겠다는 바람도 있었다. 사용이 안 된다면 먼 훗날 매립될 것이고, 사용을 한다면 미세섬유들이 바다로 흘러나가 해양 생물들에 의해 흡입될 것이니까. 그리고 그렇게 해양생물들에게 흡입된 미세섬유는 음식을 통해 우리에게 돌아온다. 우리가 해산물을 먹지 않는다면 모를까.

사실 나도 이 뜨개 수세미를 썼었다. 친정 엄마가 반찬을 보내거나 물건을 보낼 때마다 박스 한쪽에는 비닐팩에 담긴 엄마의 뜨개 수세미가 들어있었다. 그때도 그 반짝거리는 실들이 하수구로 흘러가 하천과 바다를 오염시키는 건 아닌가 걱정이 되었지만, 그렇다고 딱히 대안을 몰랐기에 그냥 썼었다. 그러다 한살림에서 신기하게 생긴 것을 발견했다. 베이지색의 내 팔뚝만한 길이의 얇은 섬유질이 얼기설기 얽혀 있는 진짜 '수세미'였다. 실제로 한때는 열매의 모습이었던 것을 증명하듯 한쪽은 좁고 아래로 갈수록 살짝 뚱뚱해지는 형태로 가운데에는 큰 기공이 세 개 정도 있었다. 그리고 바짝 마른 갈색의 씨앗들이 여기저기 붙어있었다. 그길로 하나를 집어 들어 장바구니에 넣었다. 집에 와서 칼로 숭덩숭덩 3등분해서 수세미 대신 사용해 봤다. 아니지, 원래 수세미가 이거니까… 수세미 대신이란 표현은 어울리지 않는다. 반짝이 수세미 대신 진짜 수세미를 사용해 봤다는 표현이 더 맞을 것이다.

진짜 수세미는 거품도 잘 만들어주고 브러싱도 잘되는 편이었다. 아주 눌어붙은 것만 아니면 진짜 수세미로 충분했다. 심지어 건조도 금방 바짝 되어서 더 위생적인 느낌이었다. 어느 정도 사용하면 회복 탄력성이 많이 떨어지는 느낌이 나는데 그때는 쿨하게 쓰레기통에 넣어버리면 된다. 100퍼센트 자연으로 돌아가는 소재니까.

천연 수세미를 알게 된 뒤로 나는 천연 수세미만 사용하고 있다. 요즘은 친환경 수세미가 다양해져서 기존의 수세미를 납작하게 압축해 놓은 것도 있고, 이 압축한 수세미를 나무대에 탈착할 수 있게 해서 병솔로 쓰도록 나온 것도 있다. 나는 이 제품을 선물받아 병솔로 잘 쓰고 있다. 그리고 사이잘삼이라는 식물의 줄기로 만드는 그물망 같은 수세미도 있고, 코코넛과 호두 껍질을 이용해 만드는 기존의 스펀지 수세미와 아주 유사한 수세미 등 다양한 친환경 수세미들이 시중에 나와 있다. 이런 친환경 수세미들이 아직은 일반적인 마트나 생활용품점에서 구매하기는 어렵지만, 제로 웨이스트 숍이나 한살림 생협 마켓컬리 등에서는 쉽게 구입할 수 있고, 온라인으로 친환경 수세미라고 검색하면 내 구미에 맞는 친환경 수세미를 구입할 수 있다. 몰랐을 때라면, 대안이 없었을 때라면 모르겠지만 이제 문제를 인지하고 있고, 대안의 존재를 알고 있는데 실천하지 않을 이유가 없다. 기존의 플라스틱 소재들보다 기능면에서 전혀 떨어지지 않으니 말이다. 바디로 흘러간 반짝거리는 수세미의 미세섬유를 다시 먹고 싶지 않다면, 당신의 주방에서 반짝이는 수세미를 치우길.

친환경 주방 살림

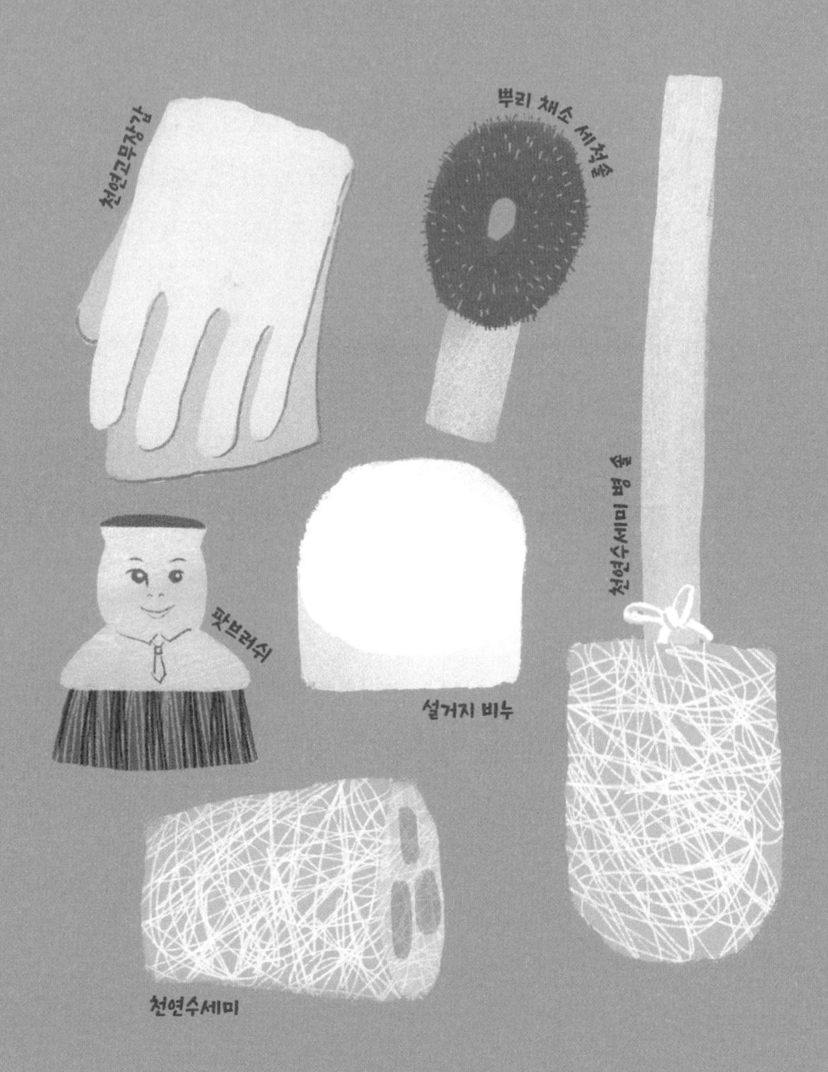

찝찝함 줄이는 밀키트 없는 캠핑

아마도 한 5~6년 전이었던 것 같다. 해외에서는 밀키트라는, 재료가 다 손질되고 소스가 개량되어 넣고 끓이기만 하면 바로 조리가 가능한 상품이 출시되었다. 싱글 가정이나 2인 가정의 경우 식자재를 다 활용하지 못하는 낭비를 줄일 거라고, 다소 친환경적인 느낌의 기사를 접했었다. 그때는 '아, 그래 식자재 낭비가 덜할 수는 있겠네. 그런데 그게 가능한가? 누가 그걸 사겠어?'라고 생각했다. 그러나 먹방이나 요리 프로그램의 인기가 높아졌고, 세계적으로 번진 코로나는 사람들을 집에 머물게 했다. 자연스럽게 외식은 줄고, 배달 음식이 늘었다. 그리고 밀키트 매장들이 우후죽순 생겨나기 시작했다. 최근 이사를 하기 전까지 우리는 일명 '1기 신도시'라고 불리는 곳에 살고 있었다. 오래된 동네였고, 어르신들이 살기 좋아서 노령인구가 높은 동네였다. 이전 동네에서는 한 번도 본 적 없던 밀키트 매장이 신도시로 이사를 오니 반경 300미터 안에 세 개가 있었다. 새로운 것을 탐색하길 즐기는 나는 밀키트가 궁금했다. 실패할 확률이 적은 떡볶이를 선택했다. 9,900원 정도였던 떡볶이는 식재료에 비해 포장이 너무 과했다. 레시피가 적힌 종이상자 재질의 슬리브를 밀어내자 비닐로 덮인 플라스틱 트레이가 나왔다. 비닐을 뜯으니 떡과 어묵 채소가 각각 진공포장되어 있었고, 양념이 들어있는 비닐 파우치가 있었다. 단지 두 명의 한 끼를 해결하는 데 이렇게 많은 플라스틱 쓰레기를 만들어냈다는 게 마음이 불편했다. 그렇게 한 번의 경험이면 족했다.

캠핑 갈 때 우리는 거의 일요일에 출발해서 월요일에 돌아온다. 일요일에는 대형마트들이 문을 닫는 주가 있어서 잘 확인하여 미리 장을 봐야 하는데 그때는 바빴는지 어땠는지 아무튼 캠핑장에서 먹을 식재료를 미리 구입해 놓지 못한 날이었다.

"장을 못 봤고 앞에 슈퍼도 문을 닫았고, 이마트도 쉬는 날인데 어떡하지? "

"집 앞에 밀키트 가게에서 뭐 사갖고 가면 되지. 맨날 사는 것도 아니고."

집 근처에 밀키트 매장 중 한 곳은 무인 영업이 아닌 사장님 부부가 직접 운영하는 곳이었고, 그나마 다른 밀키트 매장에 비해 큰 플라스틱 트레이 없이 비닐 지퍼 백에 내용물을 담아주었다. 메뉴의 대부분은 육류가 메인인 음식들이었다. 육류를 제외한 몇 개 안 되는 선택지 중에서 어묵탕과 오징어볶음을 골랐다. 어묵탕과 오징어볶음을 각각 지퍼 백에 담아주려 하시길래 하나에 다 담아달라고 말씀드렸다.

"계량 눈금 표시된 일회용 컵 드릴까요?"

"아, 아니요 괜찮아요."

계량 눈금 표시된 일회용 컵이라니, 그래도 물어봐 주시니 거절할 수 있어 다행이었다. 캠핑장에서 손질된 식재료들을 비닐에서 꺼내 물로 헹구고 요리를 시작했다. 어묵탕 액상 수프에는 어떤 재료가 들어갔을까? 오징어볶음 양념장에 들어간 설탕은 그냥 백설탕이겠지? 눈으로 확인할 수 있는 메인 식재료에 비해 이미 재료가 다 섞여 있는 양념이나 소스는 개미만 하게 적힌 글자들을 읽어봐야만 무엇이 들어갔는지 알 수 있었다. 내 몸에, 내 가족에게 먹일 음식인데 내가 모르는 재료가 있을 수 있다는 건 썩 좋은 느낌이 아니었다. 물론 맛은 있었다. 요리를 잘 못하는(안 하는) 남편은 간편하고 좋다며 자기 혼자 밥 먹을 때 이용해야겠다고 했다. 하지만 나는 요리 후에 수북하게 쌓인 비닐들이 찝찝했다.

"밀키트가 편하기는 한데, 다음에는 내가 용기 들고 가서 담아주시는 게 가능한지 여쭤볼까? 이미 비닐로 포장되어 냉동으로 나오는 건 어쩔 수 없지만, 채소나 양념은 그때그때 담아주시는 것들도 있는 것 같던데. 어떤 용기가 필요한지 알 수 있으면 좋을 텐데."

밀키트의 편리함은 쓰레기를 남기는 찝찝함을 이기지 못했다. 그래서 마트가 쉬는 일요일, 장을 못 봤을 때는 캠핑장 주변 마트의 영업을 확인해 보고 그곳에서 장을 봤다. 한동안 햇반 같은 즉석 밥을 캠핑장에서 이용했었는데 플라스틱 용기를 뜨겁게 데우는 것도 찝찝하고, 플라스틱 쓰레기를 더 만드는 것도 편치 않아서, 이제는 캠핑 가기 전에 현미밥을 한솥 해서 작은 스테인리스 반찬 용기 서너 개에 나눠 담아 냉동실에 넣었다가 가지고 간다.

얼마 전 글램핑장과 같이 운영되는 캠핑장에 갔었다. 아침을 간단하게 먹고 설거지를 위해 개수대로 갔다. 음식물 쓰레기 통의 뚜껑을 열자 구운 소시지 버섯 등이 일회용 은박 냄비 속에 들어있는 채로 버려져 있었다. 그 위에 음식물 쓰레기를 버릴 수는 없어서 은박 냄비에 담긴 음식물만 버리고 은박 냄비를 꺼내고 나서 음식물 쓰레기를 버려야 했다. 장비를 갖추고 캠핑하는 사람들은 대부분 다 조리 도구가 있으니 아마도 글램핑장 이용객일 것 같았다. 일회용 냄비를 이용한 것까지는 좋다. 음식물 쓰레기통에 왜 같이 버리는 건지 나로서는 이해가 안 된다. 개수대와 분리수거장은 20~30미터도 안 되는 거리인데, 그게 귀찮았나? 그러고 보니 그 전날 음식물 쓰레기통 안에는 치킨을 먹고 버린 것 같은 닭 뼈가 잔뜩 들어있었다. 다른 피해를 만들어내지 않기 위해서 정확한 분리수거는 선택이 아닌 필수다. 그렇게 음식물 쓰레기에 섞여 들어간 이물질들은 음식물 쓰레기를 퇴비화하는 기계에 들어가면 기계를 고장 나게 하거나, 그곳에서 일하는 사람들의 안전을 위협할 수 있다.

코로나로 갈 곳이 없어진 사람들이 너도 나도 캠핑을 시작했다. 캠핑장도 글램핑장도 많이 생겼다. 더불어 밀키트와 간편식 시장도 너무나 커지고 있다. 중소기업들이 시작한 밀키트 시장은 이제 대기업들이 장악하기 시작했다. 대량으로 재료를 매입해 마진율을 많이 낮출 수 있는 대기업은 생산 비용의 나머지를 마케팅 비용으로 사용할 것이다. 유명 셰프, 연예인을 내세운 밀키트 광고에 흔들릴 소비자도 적지 않을 것이다. 광고에 현혹되거나 부득이하게 밀키트를 이용했다면 분리수거라도 제대로 하자. 양념이 묻은 플라스틱이나 비닐은 깨끗이 씻어 바르게 분리배출하자.

도심에서 받은 스트레스를 날리기 위해 자연의 품에서 잠시

쉬었다 가는 것이 캠핑이다. 무엇을 하지 않아도, 그저 자연 속에 있는 것만으로도 마음의 치유를 한다. 우리는 자연에게 좋은 것을 얻어 가는 캠핑이, 자연의 입장에서는 쓰레기만 얻는 일이 되어서는 안 되지 않을까? 자연을 위해, 가족의 건강을 위해, 밀키트 대신 밀프렙*으로 집에서 밀키트를 직접 만들어가는 건 어떨까? 떡볶이를 한다고 하면 냉동실에서 떡과 어묵을 챙기고, 냉장고에서 대파 양파 양배추를 꺼내서 씻고 적당한 크기로 잘라 밀폐용기에 담는다. 그리고 간장 고추장 설탕이나 대체 감미료를 맛있는 비율로 배합해 작은 용기에 담는다. 생각보다 번거롭지 않고, 사서 먹는 밀키트보다 재료도 풍성하게 건강하게 더 맛있게 먹을 수 있다.

* **밀프렙(Meal-prep)** Meal preparation의 줄임말로 식사에 필요한 재료를 미리 손질해 놓는 것

쓰레기 없는 엄마의 비건 홈 카페

남편과 나는 커피를 좋아한다. 카페도 엄청 많이 다녔다. 커피 값으로 쓴 돈만 합쳐도 작은 카페를 하나 차릴 수 있을지 모른다. 남편과 공방 창업을 하면서부터는 생두를 사서 가정용 로스터기에 직접 원두를 로스팅 해서 마신다. 질 좋은 생두로 내린 커피 맛이 좋다 보니 결혼 선물로 받은 캡슐커피머신은 잘 사용하지 않게 돼서 중고로 처분했다. 이 캡슐 저 캡슐, 이름은 분명 다 다른데 맛은 큰 차이가 없던 캡슐커피는 맛보다도 쓰레기 때문에 더 이상 사용하지 않게 되었다. 플라스틱과 알루미늄포일이 결합된 캡슐에 커피 찌꺼기까지 들어있으니 이건 누가 봐도 일반 쓰레기인데 수거용 봉투를 만들어놓고 리사이클 냄새만 풍기는 건 아닌지 의심이 들기 때문이었다. 실제로 2014년 한 업체의 캡슐커피 폐기량이 지구를 열 바퀴 넘게 돌 수 있는 양이었다고 한다. 그리고 해당 업체는 캡슐커피가 BPA-Free 소재라고 주장하지만, 고온 고압으로 추출되는 과정에 과연 환경호르몬이 검출 안 됐을지 의문이 든다. 이런 이유로 집에서는 또 다른 커피머신을 들이지 않고, 핸드드립으로 마시고 있다.

아침에 일어나 물 한 잔을 마시고 원두 그라인더에 원두를 넣어 갈아준다. 부엌은 이미 커피 향으로 가득해진다. 드립 포트에 물을 받아 끓이는 동안 유리로 된 드립 서버에 드리퍼를 놓고 커피 필터를 얹는다. 물이 끓으면 커피 필터에 뜨거운 물을 떨어뜨려 전체적으로 한번 적셔준다. 그리고 잘 갈린 원두를 드립 필터에 담는다. 얇은 물줄기를 이용해 원두 표면을 골고루 적시고, 30초간 뜸을 들인다. 30초 후 원을 그리며 원두에 물줄기를 떨어뜨린다. 보글보글 부풀어 오르는 원두와 드립 서버로 갈색 물줄기가 떨어지는데 잠시 멍을 때리기도 한다. 직접 로스팅하여 내리는 커피 맛은 남편이나 나나 전문가가 아님에도 너무나 훌륭해서 공방 수강생들 사이에서도 인정받은 커피 맛집이다.

사실 핸드드립이 그렇게 어려운 것도 아니고, 고가의 장비가 필요한 것도 아니다. 우리가 집에서 쓰고 있는 드립 포트는 2만 원대이고, 도자기 재질 드리퍼는 1만 원 정도였는데, 두세 군데 이가 나갔지만 사용에 큰 지장이 없어서 계속 사용하는 중이다. 드립 서버도 다양해서 1만 원대부터 다소 고가까지 있으니 처음부터 비싼 도구를 장만할 필요가 없다. 그리고 요즘엔 핸드드립 하는 방법도 유튜브로 쉽게 접할 수 있어서 핸드드립이 멀게 느껴지지 않는다.

코로나로 홈 카페 문화가 유행하고, 캠핑을 즐기는 사람들이 늘어나면서 함께 늘어나는 것이 있다. 바로 일회용 커피 드립백. 일단 개별 포장되어 있고, 드립백 부분도 PET 소재와 PP 소재가 복합적으로 쓰이고, 원두 찌꺼기가 발생하니 분리수거되지 않는다. 게다가 보통 핸드드립 커피에서는 한 잔에 15그램 정도의 원두를 사용하는데 일회용 드립백 커피에는 보통 7~10그램의 원두가 들어있어서 사실 하나로는 부족한 느낌이다. 이 말은 한 명이 두 개의 드립백 커피를 소비할 가능성도 많다는 것이고, 그렇다면 한 잔의 커피를 마시기 위해 만들어내는 쓰레기의 양도 늘어난다는 것이다. 그리고 아무리 포장 기술이 발달해서 향을 잡아준다 해도, 원두는 로스팅 했을 때부터 산화가 시작되고, 그라인드를 하고 나면 더 빠른 속도로 산화된다. 향이 날아가는 시간도 더 빨라진다.

커피 드립백 패키지 디자인을 한 적이 있었다. 내가 디자인한 패키지이니 몇 개 사서 가족이나 친구에게 선물하고, 나도 캠핑장에 가져가 이용해 보았지만 그렇게 한 번의 경험을 통해 역시

Less Waste Coffee Time

나 쓰레기가 많이 생기는 걸 보면서 기존처럼 스테인리스 드리퍼를 챙긴다. 커피 맛과 향을 제대로 즐기고 싶다면, 동네 로스터리 카페에 용기를 들고 가서 원두를 사 오자.

핸드밀이나 전동 그라인더는 3~8만 원대에도 구매 가능하다. 커피는 향이 진한 기호식품이다. 커피의 향은 원두를 갈아낼 때부터 시작된다. 그때부터 나는 커피를 향으로 마시고 있는 셈이다. 쓴맛이 우려날 수 있으니 너무 많이 물을 떨어뜨리지 말고 추출된 커피 액에 뜨거운 물을 첨가해서 진한 정도를 조절한다. 나는 에티오피아의 예가체프 원두를 좋아하는데 정말로 커피에서 과일과 꽃향기가 난다. 삼키고 난 뒤 혀끝에 남는 달콤한 캐러멜 맛도 좋다. 진하게 로스팅 된 원두가 있을 때는 물을 적게 내려 오트 밀크로 비건 카페라테를 만든다. 최근에 소창으로 된 다회용 드립필터를 사용하고 있는데 종이필터로 내렸을 때보다 좀 더 진한 고소함이 있어서 비건 카페라테를 만들기에 충분했다. 거기다가 스테인리스 드리퍼에 비해 미분도 적었다. 종이이긴 해도 분리배출이 안 되니 줄일 수 있는 방법을 찾고 싶어서 스테인리스 드리퍼를 샀는데 미분이 많이 나오고 두 겹의 미세망 사이가 세척이 잘되는지 의문이라 집에서는 잘 안 쓰고 캠핑 갈 때만 가져가고 있었다. 소창 드리퍼를 알게 된 덕에 작지만 쓰레기 한 종류를 줄일 수 있게 되었고 맛도 더 좋은 커피를 마실 수 있게 되었다.

캡슐커피도 커피 드립백도 아기 주먹보다 작아서 지나치기 쉬운 환경문제일 수 있지만 문제는 이런 수요 때문에 너도 나도 이런 제품을 만들고, 마케팅으로 무장해 계속해서 또 다른 소비자를 만들어낸다는 것이다. 그리고 아기 주먹만 한 쓰레기라도 일 년 치를 모으면 한 포대는 나올 것이다. 일상을 풍요롭게 더해주는 나의 커피 타임이 지구에 또 다른 문제를 남기지 않는다면, 더 맛있는 커피 타임이 될 수 있지 않을까?

수업 준비물은 에코백과 텀블러입니다

"완성품을 담아 갈 에코백과 텀블러를 챙겨주시면 더 좋습니다."

수업을 신청하는 수강생분들에게 마지막에 항상 얘기하는 내용이다. 남편의 지하 목공방 한편에서 직조 공방을 시작했다. 그곳에서 1년을 보내고 아이가 태어났다. 임신 중에도 계속 지하에 있었던 탓인지 햇빛 잘 드는 공간이 너무 갖고 싶었다. 수강생이 점점 늘어나고, 이제 곧 판매할 가구 샘플도 공간이 필요했기에 이사는 불가피한 상황이었다. 동네 공인중개사에 1층 작은 공간이 있으면 연락 달라는 얘기를 해놓고 얼마 지나지 않아 연락이 왔다. 남편과 내가 지나가면서 여기 정도의 위치랑 크기이면 딱 좋을 텐데라고 말했던 피아노 학원 자리였다. 맞은편에는 중학교의 높은 담벼락이 있어서 다른 가게들의 간판을 볼 일이 없어 좋았다. 무엇보다 해가 잘 드는 두 면이 유리창이었다. 수도 시설이 없었지만 수도는 설치하면 된다는 생각에 덜컥 계약했다.

수도 업체를 불러 화장실 쪽에서 물을 끌어와 수도 연결을 하려 했는데 배수 시설이 설치된 공간이 아니라서 배수 시설부터 만들어야 했다. 그렇게 되면 비용이 많이 드는 대공사가 될 터였다. 자본이 넉넉하지 않았기에 과감히 수도를 포기했다. 대신 바로 옆 공간을 쓰고 계신 애견 미용 선생님의 배려로 선생님의 정수기 선에 우리 공간으로 선을 추가해 정수기를 설치할 수 있었다. 그래서 물은 받을 수 있었지만, 물을 버리거나 설거지 같은 건 할 수 없었다. 종이컵을 구비해 놓긴 했지만 가능한 사용을 줄이고자, 항상 에코백과 텀블러를 준비물로 말씀드렸다.

이렇게 전달하면 대부분 에코백은 챙겨오고, 텀블러는 열 명 중 두세 명 정도 가지고 왔다. 개인 텀블러에 커피를 담아드리면 내가 설거지를 하지 않아도 되고, 커피의 따뜻함이 더 오래가는 장점이 있다. 물론 텀블러를 챙겨 와야 한다는 내 고객들의 귀찮음이 동반될 수밖에 없다.

“손님은 왕이다”라는 문장 때문일까? 우리나라의 서비스업이나 기업들의 서비스는 상상을 초월한다. 깨질 일도 없는 제품을 이중 삼중으로 포장하고, 없어도 괜찮은 과도한 서비스를 제공한다. 예를 들어 미용실에서 서비스를 받고 나갈 때 테이크아웃 잔에 커피를 담아준다거나 하는 식. 나 역시 제품과 서비스를 모두 판매하는 입장이기에 사실 어느 정도 이해가 가는 부분이다. 아무리 제품의 품질에 자신 있더라도 이런 생각을 하기 마련이다. 고객 만족이 최우선이 되어야 하니까.

공방 수강생분들에게 에코백과 텀블러를 지참해달라는 요청이 행여 고객 만족도를 떨어뜨리지는 않을까? 수도 시설이 갖춰져 있지 않은 게 고객의 잘못은 아니니까. 그래서 어쩔 수 없이 종이컵도 구비를 해놨지만 한 개라도 덜 쓸 수 있다면 환경에 좋고, 미세플라스틱 흡입으로부터 더 안전할 수 있으니 불편해도 늘 얘기했다. 에코백과 개인 텀블러 또는 개인컵을 지참해 주세요. 잠깐 마음은 불편해도 멀리 보면 마음이 더 편해지는 일이다.

아웃도어 옷을 판매하는 파타고니아의 사명 선언문은 이러했다.

"우리는 최고의 제품을 만들되 불필요한 환경 피해를 유발하지 않으며 환경 위기에 대한 공감대를 형성하고 해결 방안을 실행하기 위해 사업을 이용한다."

이 사명 선언문은 패션 기업이 아닌 마치 환경 비영리단체스러운 사명 선언문인데, 2018년 이를 변경했다.

"우리의 터전, 지구를 되살리기 위해 사업을 합니다."

이 사명 선언문은 어디에도 고객 만족을 위한 단어를 찾아볼 수 없다. 그럼에도 사람들은 파타고니아에 열광한다. 경제적 이익만 쫓는 브랜드를 구매하기보다 지구 환경을 위해 존재하겠다는 브랜드를 구매하려 한다. 파타고니아뿐만 아니라 지구의 내일을 지속 가능하게 고민하는 기업들이 있다. 이런 기업들을 더 열심히 응원하고 지지하고 이런 기업의 제품을 소비하는 것이 그렇지 않은 다른 기업을 변하게 할 수 있는 방법 아닐까?

미세플라스틱 없이 더 건강한 보리차

'어? 옥수수차랑 보리차 공구 떴네? 좋은 건 널리 알려야지. 내 인스타그램 스토리에 공구 소식을 알려야겠다.' 해당 스토어에서 구매 화면을 캡처하고 아래와 같은 메시지를 적고 링크까지 첨부했다.

"전 여기서 옥수수차랑 보리차 사서 마시는데 정말 정말 구수해요. 한정된 기간에만 구매 가능하더라고요. 지금이 바로 그 기간! 티백으로 된 건 미세플라스틱 나오는 거 다들 아시죠?"

스토리에 공유하고 얼마 안 되어 인스타그램 이웃분으로부터 메시지가 도착했다.

"이런 추천 너무 좋아요~ 바로 주문했답니다!!"

티백에서 미세플라스틱이 나온다는 것을 알고 나서는 티백에 든 보리차를 사지 않는다. 그런데 또 막상 주변에서 벌크 타입으로 볶은 보리, 옥수수만 파는 곳이 잘 없고, 자주 가던 유기농 매장에서 샀던 보리차는 볶아진 상태라서 그런지 너무 맛이 없었다. 그러다 블로그로 알게 되어, 3년 전에 이곳에서 보리차와 옥수수차를 사본 뒤로 매년 가을에 딱 한 번 일 년 치를 구매해 놓는다. 끓이기 전 육안으로만 봐도 보리, 옥수수의 상태가 매우 좋고 골고루 잘 볶아진 빛깔이 보기만 해도 구수하다. 보리차와 옥수수차를 적당히 섞어 끓이면 정말 구수한 보리차가 된다.

우리 아이는 열이 많은데, 땀으로 잘 배출되지 않아 피부에 열감으로 인한 가려운 증상이 종종 있다. 그래서 몸의 열을 내려주는 보리차가 잘 맞는다. 엄마인 나 역시 커피를 안 마실 수는 없고 커피를 조금이라도 줄이기 위해 보리차를 마시려고 한다. 미세플라스틱도 함께 마시고 싶은 게 아니라면 티백으로 된 보리차로 물 끓이는 것을 멈추길 바란다. 육수 티백도 마찬가지다. 간편하게 여러 재료가 들어간 육수 티백. 어쩌면 보리차 티백을 끊는 것보다 육수 티백 끊는 것이 어려울지도 모르겠다. 해물 육수라면 다시마 멸치 건 대파 건새우 등이 들어있을 것이고, 이걸 다 따로따로 냉동실에서 꺼내는 건 조금 번거로울 수 있을 테니. 그래도 약간의 수고로 미세플라스틱이 들어간 국을 먹지 않아도 된다면 나라면 약간의 수고로움을 택하겠다.

최근 캐나다에서 삼각형 티백을 95도의 물에 5분간 우린 결과 116억 개의 미세플라스틱이 검출되었다고 발표했다. 종이 티백도 안전하지 않다. 종이 티백 역시 플라스틱을 코팅한 폴리프로필렌 코팅 종이를 사용하는 경우가 많다. 미세플라스틱은 지름 100나노미터(1나노미터는 1밀리미터의 100만 분의 1) 미만으로, 세포 내로 침투할 수 있는 작은 크기이기에 인체에 악영향을 미칠 수 있다. 몸속에 들어온 미세플라스틱은 환경호르몬인 내분비계 교란물질 EDC 을 내보낸다. 가짜 호르몬인 환경호르몬은 체내에서 정상적인 호르몬을 교란하고 내분비 체계를 교란시킨다. 성호르몬에 영향을 미쳐 정자 수 감소, 성조숙증, 면역력 저하 등 신체적 질병을 유발할 수 있는 위험한 물질임에도 불구하고 눈에 보이지 않으며 또 증상이 바로 나타나지 않기에 나중에 더 큰 위험으로 다가올 수 있다.

보이지 않기 때문일까? 사람들은 안 좋다고 하는데도 멈추지 않는다. 통계청에 따르면 코로나 이후 온라인 음식 서비스업 매출이 2배 상승했다고 한다. 이는 바꿔 말하면 플라스틱 용기에 담겨 배달되는 뜨거운 음식의 소비가 예전보다 늘었다는 것이다. 모든 음식이 뜨거운 건 아니겠지만 대부분이 100도 이상에서 조리되어 나온다. 뜨거운 물을 부어 익히는 컵라면도 플라스틱이 코팅된 종이컵이다. 1,500원이면 너무 쉽게 마실 수 있는 아메리카노는 텀블러가 아닌 종이컵으로 나온다. 이제 담배처럼 경고 문구라도 써놔야 하는 건 아닌가 생각한다.

"따뜻한 티 한 잔을 테이크아웃 할 경우 116억 개 이상의 미세플라스틱을 섭취할 수 있습니다."

실제로 최근 한국화학연구원 부설기관인 안전성평가연구소에서 〈미세플라스틱의 흡입독성 연구〉를 발표했는데 우리 주변에서 가장 많이 사용되고 있는 폴리스티렌ps과 폴리프로필렌 성분의 미세플라스틱이 세포 손상 및 활성산소종 생성을 유발하는 것으로 나타났다. 활성산소종이 체내에 과도하게 많아지면 DNA와 세포의 손상을 유발하고 염증 반응도 일으킬 수 있다는 것이다. 폴리프로필렌은 일회용기와 합성섬유 등에 많이 사용되는 재질이며 폴리스티렌은 일회용기나 일회용 컵 뚜껑 등에 쓰이는 플라스틱이다. 그나마 열에 안전하다고 알려져 있는 폴리프로필렌 재질에서도 이런 결과가 나왔으니 안전한 플라스틱은 없는 것 아닐까?

환경을 생각하는 글을 쓰다 보면, 환경을 위하는 길이 인체 건강에도 좋은 길이라는 결론이 난다. 인간도 지구의 일부, 자연의 일부이기 때문이다. 내 돈 내고 건강을 해치고, 또 그런 제품을 생산한 기업의 이윤을 만들어주는 건 너무 바보 같은 짓

아닐까? 당신의 살림에 수고로움을 덜어줄 것 같은 제품들은 수고로움을 덜어낸 만큼 쓰레기와 미세플라스틱을 얹어준다.

곶감과 생리컵

울음을 그치지 않는 아이에게 할머니는 말했다.

"자꾸 울면 호랑이가 잡아간다~"

"으아아아아아앙!"

할머니의 말에 무서워진 아이는 더 크게 울기 시작한다.

"뚝! 할미가 곶감 줄게."

그러자 울음을 뚝 그치는 아이. 마침 배가 고파 내려온 호랑이는 밖에서 얘기를 듣고 있다가 곶감이 자기보다 더 무서운 존재일 거라 생각하며 이후 곶감 이야기만 들어도 줄행랑을 친다. 호랑이에게 곶감은 호랑이 얘기에도 울음을 그치지 않던 아이가 바로 울음을 그친 대단히 무서운 미지의 존재였다. 한 번도 본 적 없는, 경험해 본 적 없는 미지의 존재에서 오는 두려움은 누구에게나 있을 것이다. 나에게도 이런 '곶감' 같은 물건이 있었다. 지금은 그 물건이 곶감처럼 달콤하다는 걸 알고 있지만 경험하기 전까지는 나 역시 전래동화 속 호랑이와 다르지 않았다.

지금으로부터 약 3년 전, 온라인상의 지인과 공방 수강회원 한 분이 각각 나에게 '생리 팬티'라는 신세계를 전파한 적이 있었다. 블로그로 친해진 이웃 언니가 최근에 생리 팬티를 사서 입고 있는데 장시간 앉아서 일하는 본인에게는 조금 아쉽지만 그렇지 않은 일을 하는 사람에게는 괜찮을 것 같다고 추천했다. 그리고 바로 이틀 뒤 공방에서 수업 중에 한 회원분께서 생리 팬티를 쓴 지 얼마 안 됐지만 정말 추천한다고 자신이 쓰고 있는 브랜드를 알려주었다. 실제 써본 사람의 후기가 있고 브랜드까지 정해졌으니 곧바로 구매할 법도 한데 생리하는 기간 동안 돌려 입을 걸 생각하니 초기 비용이 적지 않아 여러 회사의 제품을 비교하며 고민 중이었다. '생리 팬티'로 여러 블로그의 후기를 찾다가 우연찮게 생리컵을 추천하는 글을 보게 되었다. 자신이 쓰는 브랜드 소개와 생리컵 사이즈를 찾는 방법이 상세히 나와 있었고, 본인도 생리컵에 대한 두려움이 있었는데 막상 써보니 너무 좋다는 후기였다. 제로 웨이스트에 관심이 많았기에 미국이나 유럽의 여성들 중에는 생리컵을 일회용 생리대 대신 사용한다는 걸 막연히 알고 있었다. 하지만 피 보는 것에 취약한 스스로를 너무 잘 알기에 나와는 상관없는 물건으로 생각했다. (나는 영화 〈박쥐〉를 보다가 기절한 이력이 있다) 그리고 무엇보다도 '컵'을 몸에 넣고 다닌다는 게 상식적으로 납득이 되지 않았다. 아플 것 같고 이물감이 느껴질 것 같았다. 그렇게 생리컵에 대한 후기는 그저 호기심에 한번 읽어본 것으로 그쳤고, 다시금 생리 팬티 검색에 열중했다.

내가 고른 생리 팬티는 겉은 면이고 속은 방수가 되는 자연섬유를 이용한 것이었다. 혈의 양에 따른 사이즈와 모양도 꽤 다양했고, 안쪽은 다 검은색이었지만 겉은 검은색이나 회색, 스킨색 중에 고를 수 있었다. 생리 양이 많은 첫째 날이나 둘째 날에는 이불에 새는 경우가 종종 있었기에 오버나이트형을 포함해 여섯 장의 생리 팬티를 구매했다. 택배 상자에서 꺼낸 생리 팬티는 내가 알고 있던 면 생리대의 두께보다 훨씬 얇았다. 정말 이 정도만으로 생리혈을 지켜줄 수 있을까. 처음 착용했던 날은 왠지 모르게 불안해서 화장실에 자주 가서 확인했지만, 생리 팬티는 아주 잘 커버해 주고 있었다. 잠을 잘 때도 생리 팬티를 사용한 이후로는 한 번도 이불에 샌 적이 없을 정도로 완벽하게 커버해 주었다. 일회용 생리대를 착용할 때의 이물감도 느껴지지 않았다. 일회용 생리대만큼 자주 갈아주지 않아도 괜찮았다. 그리고 생리가 갑자기 시작됐는데 집에 생리대가 하필 하나도 없을 때의 당혹스러움도 느낄 필요가 없었다. 생리 팬티는 너무나 만족스러웠다. 단 하나의 단점은 모두가 예상하듯 손빨래, 그거 하나였다. 바로 빨 수 없고 물에 몇 시간 담가 놨다 빨아야 해서 약간의 번거로움이 있었다. 게다가 생리 팬티를 담가둔 물은 빨갛기 때문에, 다른 가족이 보면 다소 놀랄 수 있다. 약간의 불편함이 있지만 내가 여자로서 사는 동안 사용한, 내 피가 묻은, 썩지도 않는 일회용 생리대가 언젠가 거대한 쓰레기 산을 만드는데 일조한다고 생각하면, 차라리 손빨래가 나은 일이었다.

다른 사람도 사용하길 바라는 마음으로 인스타그램 피드에 생리 팬티 그림을 올렸다. 피드 내용에는 생리 팬티 다음에는 생리컵도 도전하려 한다고 적었다. 진짜 실천하기 위해 생리컵을 사용해 봐야겠다고 마음먹었다. 실패하면 '다시 생리 팬티를 쓰면 되지'라는 마음으로 적당히 괜찮아 보이는 생리컵을 사이즈 별로 두 개 주문했다. 사실 생리컵을 고르는 가이드에는 손가락으로 자신의 포궁 길이를 측정해서 그에 맞는 생리컵을 고르라고 나와 있었지만 왠지 포궁 길이를 재는 게 민망해서 그냥 하나의 브랜드에서 사이즈별 두 가지를 모두 사보았다.

드디어 생리컵이 도착했다. 몸에 넣고 다니는 그 컵은 내 생각보다 아주아주 작고 말랑말랑했다. 사이즈가 큰 것은 작은

곶감과 생리컵

것에 비해 조금 더 단단했다. 컵을 몸에 넣으면 아프거나 이질감이 느껴질까 걱정했는데, 이제는 이 작은 걸로 과연 다 커버가 될까 하는 의문으로 바뀌었다. 1년 전에 봤던 생리컵 후기 중에 생리하는 동안 흘리는 피의 양이 생각보다 적다고 한 내용을 어렴풋이 떠올렸다.

생리컵을 구매하고 나니 생리하는 날짜가 기다려졌다. 25년 생리 인생 중에 처음 있는 일이었다. 포궁 길이를 제대로 재고 주문한 게 아니라 조금 걱정했지만 다행히 나는 첫 착용부터 성공했고 생리컵의 달콤한 신세계를 알아버렸다. 생리컵이 질 속에 들어간 순간 이물감은 전혀 느껴지지 않았다. 더불어 하루에 흘리는 피의 양이 그렇게 많지 않다는 것도 확인할 수 있었다. 일회용 생리대를 하루에 다섯 개씩 사용하던 때에는 이 정도로 피를 흘리다가 내가 쓰러지는 게 아닌가 생각했던 적이 있었는데 그건 제대로 된 오해였던 것이다. 생리컵은 12시간까지 착용이 가능해서 양이 아주 많은 날만 아니면 생리 중이란 사실을 잠시 잊을 수 있었다.

1년 정도 사용한 결과 생리컵이 거의 완벽한 커버가 가능하다는 걸 알게 되었다. 그래도 혹시 모르니 기왕 사둔 생리 팬티와 세트로 사용하고 있다. 생리컵 덕분에 생리 팬티를 물에 담가놓고 세탁하지 않아도 되었다. 생리컵과 생리 팬티의 조합은 생리

기간이 언제 왔다 가는지 모르게 해주는 최고의 하모니다. 그보다 더 좋은 건 진통제도 듣지 않아 배를 부여잡고 병든 닭처럼 아무것도 못 하거나, 언제라도 화장실에 뛰어 들어갈 수 있게 긴장해야 했던 심한 생리통이 거의 사라졌다는 것이다. 이건 생리 팬티만 사용할 때도 마찬가지였다. 일회용 생리대가 생리통을 유발할 수 있음을 증명해 주는 셈이다. 이제는 그냥 평소보다 컨디션이 조금 떨어지는 정도이지 통증이란 게 거의 없다.

진짜 내 주변 여자들에게 백 번 천 번 추천해 주고 싶은 아이템이다. 너무 늦게 알아서 아쉬운 마음도 있지만 그래도 아직 10년은 더 생리를 해야 할 테니 12개월 곱하기 10년만 해도 120번, 5일 한다고 치면 600일 이상 생리를 해야 한다. 문명의 혜택으로 좀 더 편히 보낼 수 있음에 감사할 따름이다. 또 감사한 일은 600일 동안 하루에 일회용 생리대를 네 개만 교체한다고 가정했을 때 내가 사용 후 버리게 될 2,400개의 쓰레기를 줄일 수 있게 된다는 것이다. 지난 25년간 내가 버린 약 6,000장이 넘는 쓰레기는 책임 못 진다 해도, 앞으로의 대안이 생겼다는 사실은 정말 감사하다. 생리컵이야말로 사람에게도 좋고, 지구에게도 좋은 일회용 생리대의 완벽한 대체품이다.

미지의 존재에 대한 두려움 때문에 이 좋은 걸 사용하지 않는다는 게 안타깝다. 예전에는 직구를 해야 했지만 요즘은 3만 원대로 국내 제작 생리컵을 구입할 수 있다. 나도 해외 브랜드 제품을 사용해 오다가 조금 더 잘 맞는 컵을 알아보다가 '티읕'이라는 브랜드를 알게 되었다. 사용해 본 개인적인 의견으로는 부드러운 경도와 커버되는 용량이 크고, 생리컵을 제거할 때의 아픔도 거의 없을 정도라서 첫 사용자가 시도하기 좋은 제품이다. 소독이나 보관을 위한 폴더블컵도 함께 들어있어서 전자레인지로 간편하게 소독할 수 있다. 단돈 3만 원이면 내 몸속 바디버든도 줄이고, 생리할 때의 찝찝함도 없애고, 지구상에 생겨날 쓰레기를 조금이라도 줄일 수 있다. 자 이제 검색창을 열어 '생리컵'을 치거나, '생리 팬티'라도 검색해 보자. 호랑이처럼 도망치지 않아도 된다. 곶감은 달콤하니까

최소한의 화장품으로 가벼워지는 바디버든

일정 기간 동안 체내에 쌓인 유해 물질의 총량을 바디버든이라고 한다. 플라스틱 용기의 환경호르몬이 체내에 쌓이는 것이다. 내가 바디버든이라는 단어를 처음 접한 건 아이를 출산하기 3개월 전에 본 다큐멘터리를 통해서였다. 다큐멘터리에서는 생리통이 심하거나, 자궁 질환이 있는 실험 참가자 사십일 명에게 일상생활에서 환경호르몬에 노출될 수 있는 환경이나 생활습관을 한 달 동안 적극적으로 배제하게 했다. 거의 대부분의 실험 참가자에게서 호전된 결과가 나오고, 생리통이 심한 그룹에서는 생리통을 아예 느끼지 못할 정도로 호전되는 등 일상생활 속 환경호르몬과 자궁 건강의 상관관계를 알 수 있었다. 자궁 질환 그룹 중 한 분은 직업이 메이크업 아티스트였는데 화장품의 방부제로 인한 환경호르몬이 가장 높은 수치로 나왔다.

화장을 하는 같은 여자로서 큰 충격이었다.

이어진 2부에서는 몸속에 쌓인 독성물질이 모유를 통해 유전될 수 있다는 내용이었다. 이런 내용을 왜 이제야 알게 된 건지! 내가 아이에게 유해 물질을 물려줄 수도 있다는 생각에 속상한 마음이 들었다. 그래도 다행인 건 임신 사실을 알고부터는 방부제를 줄이기 위해 화장품도 로션 딱 한 가지만 바르고 색조 화장도 하지 않고, 자외선 차단제도 바르지 않고 있었다.

밥솥의 코팅 내솥, 코팅 프라이팬, 플라스틱 용기, 일회용 종이컵, 과일이나 채소에 잔류한 농약 등 환경호르몬의 원인은 한두 가지가 아니다. 그렇지만 제일 무서운 건 바로 경피독. 화장품이나 세제 속 유해 화학 물질이 피부를 통해 흡수될 경우, 단 10퍼센트만이 어떤 경로에 의해 배출되고 나머지 90퍼센트가 몸속에 그대로 쌓이게 된다. 이를 경피독이라고 한다. 경피독은 표피를 뚫고 세포 사이로 스며들어 지방층에 쌓이거나 혈액 속에 흡수된다. 합성계면활성제 성분이나 인공향료의 재료인 벤질 알코올, 프탈레이트 등이 경피독으로 우리 몸에 쌓일 수 있는 것이다.

그중에서도 태아기에 산모가 프탈레이트에 노출될 경우 아이의 성장에 안 좋은 영향을 끼칠 수 있다는 연구 결과가 있었다. 서울대학교 환경의학클리닉 연구진은 "연구 결과, 태아기의 프탈레이트 노출은 어린이의 비정상적인 성장에 영향을 끼쳤다"라며 아동의 정상적인 성장 발달을 촉진하기 위해서는 임신 중 프탈레이트 노출을 줄이는 노력이 필요하다고 말했다.

경피독을 줄이기 위해서는 화장품의 성분표 확인이나 시험성적서 확인이 필요하다. 그렇지만 매번 확인하는 게 쉽지가 않다. 그럴 때 쓰기 좋은 앱이 '화해' 앱이다. 화장품의 성분을 EWG 등급으로 알려주는 앱이다. 임신 기간과 아이 신생아 시기에는 로션 하나를 살 때도 반드시 화해 앱에서 확인하고 구매했다. 그리고 성분 확인만큼 중요한 게 화장품 개수와 횟수를 줄이는 것이다. 아무리 천연 화장품이고 안전한 성분이라고 해도 최소한의 방부제, 유화제, 향료는 들어갔을 것이다. 나는 바디버든을 줄이기 위해 린스를 사용하지 않고 있고, 샴푸는 한살림의 코코넛 순비누나 샴푸바만 쓴다. 비누 세안 후 스킨과 에센스를 바르거나 크림을 바른다. 색조 화장은 외출할 때 가끔 하는데, 이때도 비비크림을 바르고 눈썹을 그리고 립밤을 바르며 최대한 간소화한다. 볼 터치, 아이섀도 같은 건 바르지 않는다. 이렇게 화장품을 간소화하면 복합 소재가 주를 이루는 용기 쓰레기도, 내 몸의 바디버든도 줄일 수 있다. 따로 화장대도 필요 없어서 욕실 벽장 한 칸이면 모든 화장품이 수납된다. 크기도 색깔도 모양도 제각각인 화장품들이 밖에 다 나와 있으면 아무리 정리를 잘해도 어수선해 보이는데, 그런 공간이 하나라도 줄어든다면 그것은 분명 반가운 일이다.

식품첨가물이 함유된 식품을 피하고, 생활화학용품 사용량을 줄이거나 친환경 제품으로 바꿔 쓰고, 플라스틱 용기를 사용하지 않고, 플라스틱 용기를 만진 손을 자주 씻고 물을 많이 마시는 등 2주라는 짧은 기간 동안 환경 호르몬 감소를 위한 프로젝트(한계레-아이쿱 바디버든 프로젝트)가 있었다. 바디버든을 줄이기 위한 행동은 사실상 탄소중립에도 도움이 된다. 그리고 물 자주 마시기는 피부에도 좋은 생활 습관이다. 물을 자주 마신 기간에는 그렇지 않은 기간에 비해 확실히 피부가 좋아 보인다.

나와 가족의 건강에도 이롭고, 탄소중립에도 기여할 수 있는 실천들이다. 향수를 뿌리지 않아도 충분히 매력 있고, 웃을 때 보이는 주름도 참 예쁘다고 스스로에게 말해주자. 그리고 화장품 살 돈을 새로운 취미 생활이나 배움에 투자하면 어떨까? 내게는 이러한 실천을 망설일 이유가 없어 보인다.

네일 말고 내일에 소비

중학생 때 다니던 보습 학원에는 젊고 예쁜 여자 선생님이 있었다. 어떤 과목을 담당하셨는지는 기억나지 않지만 그때 그 선생님의 예쁜 핑크색 네일은 지금도 기억난다. 연한 핑크빛 베이스에 보일 듯 말 듯 꽃잎이 그려져 있었다. 난생처음 본 그림이 그려진 네일이었다. 선생님께 손톱이 예쁘다는 얘기도 했었다. 단색 매니큐어밖에 몰랐던 사춘기 소녀에게는 그림이 그려진 손톱이 매우 인상적이었던 것이다.

대학생이 되고 두발 길이의 자유도 되찾고, 화장도 마음껏 할 수 있게 되었다. 손이 더 예뻐 보이는 매니큐어도 언제든 바를 수 있게 되었다. 네일숍에 갈 주머니 사정이 되지 않으니 화장품 가게에서 마음에 드는 색상의 매니큐어를 사와 손톱을 곱게 칠했다. 그런데 매니큐어를 바르고 나면 손톱이 왠지 숨을 못 쉬는 것처럼 답답한 느낌이 들어서 며칠이 지나지 않아 지우곤 했다. 바르고 지우고를 몇 번인가 반복하다가 언젠가부터는 매니큐어 같은 건 아예 내 일상과 상관없는 것으로 여겼다.

패션 회사를 다닐 때, 화려한 네일로 자신의 손을 꾸민 분들이 많았다. 네일 서비스를 받고 나면 스트레스가 풀린다고 하는 사람도 있었다. 여름이면 맨발이 드러나는 신발을 신게 되니 발톱도 네일 서비스를 받는다. 한 번 받으면 이삼 주는 안 받는다고 하지만 한 번 받을 때 5~10만 원이다. 그리고 젤 네일 같은 경우는 떼어내면 손톱에 있는 큐티클이 같이 떨어져 나가기 때문에 손톱이 푸석푸석해 보인다. 그러니 곧바로 젤 네일을 바르게 되는 것이다.

아무리 적게 잡아도 한 달에 5만 원이 손톱 관리에 소비된다. 1년으로 계산해 보면 60만 원이다. 결코 적지 않은 금액이다. 예쁜 손톱을 얻는 대가로 잃게 되는 건 돈뿐일까? 손톱도 우리 몸의 일부이고 피부라 할 수 있다. 딱딱하고 신경이 없는 손톱이지만 바르고 안 바르고 답답함의 차이가 있는 것으로 보면 손톱도 숨 쉴 틈이 필요한 거 아닐까? 또 큐티클 손상으로 손톱 건강만 잃는 게 아닌 네일 성분으로 인한 내분비계에 끼치는 영향은 없을까?

액체인 네일 폴리시가 플라스틱처럼 반질반질하고 단단해지도록 만드는 디부틸프탈레이트Dibutyl phthalate는 카드뮴에 비견될 정도로 강한 독성을 가지고 있다. 호르몬 작용을 방해하거나 혼란시키는 내분비계 교란물질의 일종으로 불임이나 정자 수 감소에 영향을 주며, 발암성 및 기형유발성이 있기 때문에 특히 조심해야 하는 화학물질 중 하나이다. 또한 네일 리무버의 경우 아세톤 같은 강한 휘발성 화학물질로 공기 중에 유해가스로 존재하게 되며, 주기적으로 흡입할 경우 간 기능장애가 발생할 수 있다.

손톱 역시 호흡을 하는 피부인데 네일 폴리시를 손톱에 바른다는 건 코와 입을 독성물질로 막아놓는 것이나 다름없다. 손톱 건강을 해치는 건 물론이며 몸에도 쌓인다. 당장 티가 나지 않고, 얼마나 쌓였는지 눈으로 확인할 수 없지만 분명한 건 계속 쌓인다는 것이다. 한 번 축적된 바디버든 중 배출되는 양은 10퍼센트 이내라고 한다. 조금 더 예뻐 보이기 위해 돈과 시간을 들여 유해화학물질을 내 몸에 축적시키는 것이다.

"시선을 내면으로 돌려라, 다른 사람의 이목을 끄는데 집착하지 마라."

아름다운 배우였던 오드리 헵번에게 그의 어머니가 늘 당부했다는 몇 가지 조언 중 하나이다. 어쩌면 그의 어머니가 해준 이런 조언이, 인기에 휘둘리지 않고 자신의 소신껏 삶을 선택하게 만든 것 아닐까. 개인마다 정도의 차이는 있지만 외모라는 건 결국 노화에 의해 변할 수밖에 없다. 하지만 내면의 아름다움은 시간이 흐른다고 퇴색되지 않는다.

각자에게 주어진 시간을 어떻게 쓰느냐는 각자의 역량이다. 한정된 시간과 자원을 외모를 가꾸는데 쓸 것인가? 자기 계발을 위해 쓸 것인가? 특히나 네일아트 같은 건 돈도 돈이지만 시간도 들여야 하고, 내 몸속에 환경호르몬까지 더하는 일이다. 그럴 바에는 차라리 네일이 아닌, 나의 내일에 투자하는 게 더 현명한 선택 아닐까? 네일 관리에 들일 시간과 비용으로 책을 사는 게 스스로에게도, 환경에도 장기적인 관점에서 더 나은 선택일 거라 생각한다. 당장은 아무것도 없는 빈 손톱이 허전하고, 그동안의 네일아트로 손톱 건강이 안 좋아진 손을 보는 게 불편할 수 있겠지만, 나 자신을 잘 대접한다면 손톱 건강은 곧 회복될 것이다. 그리고 제일 중요한 사실은 적어도 내 눈에는 단정하게 깎은 깨끗한 손톱이 세상에서 가장 아름답다는 것이다.

옷장은 가득 차 있는데 입을 옷은 없어

"아니, 옷장은 터져나갈 것 같은데 왜 막상 입을 옷은 없지?"

매년 계절이 바뀔 때쯤 늘 하는 말이다. 옷장과 눈싸움하다 타야 할 시간에 버스를 놓치고, 버스에서 내려 회사까지 전력질주하는 일은 비단 나만 겪는 일이 아니다. 늘 그랬다. 특히나 패션 회사에 다녔던 나는 무엇을 입을지가 더욱 고민됐다.

6개월간의 인턴 생활 마지막에는 디자이너로서 디자인한 결과물을 프레젠테이션 하는 일종의 마지막 테스트 같은 것이 있었다. 이 테스트의 결과가 정규직 전환에 어느 정도 비중을 갖고 있는지 자세히 몰랐지만, 그 결과가 곧 나의 정규직 당락을 쥐고 있다는 생각으로 과제에 임했다. 발표 일을 3일 정도 앞둔 날, 브랜드 실장님께서 나에게 이런 말을 했었다.

"예쁜 사람이 예쁘다고 해야 예뻐 보이기라도 하는 거야."

실장님의 말은 원래 생겨먹은 생김새를 말하는 게 아니었다. 평소 잘 꾸미지 않는 나에 대한 나름의 조언이었다. 그래서 그날 나는 퇴근 후에 옷을 사고, 발표 전날 미용실에 가서 머리도 했다. 평소에 잘하지 않는 화장을 하고 프레젠테이션 했다. 내가 과제로 발표한 디자인 때문이었는지, 내가 새 옷을 사고 머리를 해서였는지, 아니면 내가 그림을 잘 그리고 그래픽 툴에 능해서였는지 모르겠지만 나는 정규직으로 입사하게 되었다.

인턴 시절 실장님은 다른 회사로 이직하셨지만 실장님이 했던 그 말은 늘 나와 함께 회사를 다녔다.

"예쁜 사람이 예쁘다고 해야 예뻐 보이기라도 하는 거야…"

직업상 트렌드에 민감했고 주변은 온통 옷을 잘 입고 좋아하고 잘 사고 잘 꾸미는 사람들이었다. 과소비하는 스타일은 아니었지만 계절이 바뀌면 으레 옷을 사러 나갔고, 회사가 압구정에 있었기에 퇴근 후 심심하면 들리는 곳이 SPA 패션 브랜드 매장이었다. 한 달 월급 200만 원으로 서울에서 자취를 하고 압구정에서 점심을 사 먹고, 엄마에게 학자금 원리금과 용돈으로 50만 원을 보내드리고 펀드랑 적금에 30~40만 원이 들어가고 나면 사실상 월급은 그야말로 스쳐 지나가는 것이었다. 그래도 주말이면 데이트도 해야 했으니 예쁘게 꾸미기 위해서 옷을 샀다. 그러자니 늘 1~2만 원짜리 옷만 기웃기웃, 3만 원이 넘어가면 큰맘 먹어야 겨우 구매했다.

나는 인턴에서 대리 2년 차까지 총 7년 회사를 다니는 동안 계속 팀의 막내였는데 언니 오빠들은 어쩜 그렇게 예쁘고 멋지게 하고 다니는지 —디자인팀 사람들뿐만 아니라 홍보팀 대리님, VMD 대리님도 다 예쁘고 옷도 잘 입었다— 덩달아 나도 그 흐름에 끼어 예쁜 사람이고 싶었던 것 같다. 지금 생각해 보면 그때 언니 오빠들 중에는 나처럼 지방에서 올라와 자취하는 사람도 없었고, 다들 경력직으로 입사한 사람들이었기에 분명 월급도 나보다 훨씬 많았을 것이다. 그래도 나름의 궁여지책으로 싼 제품을 구매했으나 5,000원짜리 반팔 티셔츠는 한 번 세탁하자 옆에 있어야 할 솔기가 배꼽까지 와 있고, 2만 원짜리 아크릴 모 가득한 스웨터는 금세 보풀로 가득해졌다. 차라리 안 사는 게 내 주머니 사정에도, 환경에도 더 나은 일이었으리라.

의류 회사에서 일하다 보니, 거래처에서 취급하는 고가의 옷 중에 B품으로 걸러진 제품을 싸게 살 때도 있었고, 디자인 품평을 위해 만들어졌던 샘플을 사내 판매로 아주 싸게 살 기회가 자주 있었다. 지금이니까 매우 자주 있었던 일이라고 덤덤하게 말할 수 있지만, 그 당시에는 다시는 안 올 기회처럼 뭐 하나라도 더 싸게 득템하기 위해 애썼다. 근무시간에 일하다 말고 타

브랜드 샘플 세일 행사장을 몰래 갔다 오기도 하고, 점심을 번개같이 때우고 가서 옷을 고르기도 했다. 그러니 옷장에 옷이 얼마나 많았겠는가? 계절이 바뀌면 이전 계절의 옷들을 공간박스에 정리해 놔야 지금 계절에 입을 옷들을 옷걸이에 다 걸 수 있었다. 계절이 바뀔 때마다 옷장을 대대적으로 뒤집어엎는 게 너무 곤욕이었다. 그럴 때마다 '아, 이 옷이 있었지' '어… 이거 올여름엔 한 번도 못 입었네?' '이거 살 빼서 입어야 되는데…' 이런 식으로 사놓고도 제대로 활용 못 한 옷, 몇 년간 한 번도 안 입었으면서도 아까워서 가지고 있는 옷 등이 줄줄이 나왔다. 옷장은 옷 하나 꺼낼 때마다 옆으로 다른 옷들을 꾹꾹 눌러가며 밀어야 겨우 하나 꺼낼 수 있었고, 그러는 과정에 걸린 옷이 줄줄이 떨어져 옷장은 늘 카오스 상태였다. 결혼 후에도 정리를 잘하지 못하는 내 옷장과 남편 옷장은 늘 비교가 됐다. 남편은 옷이 많지도 않았지만 정리를 그때그때 잘해서 늘 정돈되어 있었고 내 옷장은 옷더미 산이 있었다. 그 카오스 상태에서 잘도 옷을 찾아 입곤 했다.

미니멀 라이프를 접하고 한창 물건 다이어트할 때 옷을 많이 정리했다. 그러자 오히려 옷 입는 것이 매우 심플해졌다. 자주 입는 옷만, 좋아하는 스타일의 옷만 남기고 나머지를 처분했기 때문에 그 과정에서 내가 선호하는 스타일, 나와 잘 어울리는 스타일 나와 잘 맞는 색감을 제대로 인지하게 되었다. 새로 옷을 구매할 때도 나에게 더 잘 맞는 스타일로 구매하게 되고, 중복되는 아이템을 구매하는 일도 줄어들게 되었다. 또 유행을 크게 타지 않는 스타일 위주로 남겨서 자주 입어도 질리지 않고, 남들이 보기에도 '어, 저 패턴 옷 또 입고 왔네'라는 생각이 들지 않아 새 옷을 살 필요성을 못 느꼈다. 그리고 무엇보다도 계절마다 옷장을 갈아엎지 않아도 되는 게 너무 좋았다. 이너웨어와 홈웨어를 제외하고 사계절 옷이 모두 걸려 있다. 한눈에 옷이 보여서 아침 옷을 고를 때도 시간이 많이 걸리지 않았다. 아이 챙기기와 내 외출 준비를 동시에 해야 하는 상황에 옷 고를 시간이 가당키나 한가?

내가 가진 제품의 개수 또는 품목을 어느 정도 파악하고 있으면 불필요한 소비를 줄이게 된다. 중복된 아이템을 안 사고, 기존에 갖고 있는 옷을 이렇게 저렇게 매칭해서 더 자주 입게 된다. 존재 자체를 잊어버린 옷들이 옷장에 쌓이는 일은 일어나지 않는다. 옷은 옷장에 있을 때보다 입고 있을 때 더 가치가 있다.

취향이 달라져 안 입는 옷, 사이즈가 달라져 못 입게 된 옷, 그냥 손이 잘 안 가는 옷. 이런 옷들은 대부분 너무 멀쩡한 것이다. 아까운 마음에 내 옷장을 차지하고 있도록 내버려 두는데 자가 증식이라도 하는 건지 점점 더 많아진다. 내가 생각했을 때 가장 좋은 선순환은 옷이 옷으로 재사용되는 것이다. 요즘에는 당근마켓처럼 중고 옷을 거래할 수 있는 업체가 많아졌다. 구매 당시 가격에 대한 미련과 약간의 귀차니즘만 극복하면 처분이 어렵지 않다. 나는 화려한 옷을 즐겨 입는 친언니에게 내 옷 중 다소 화려해서 이제는 잘 입지 않는 옷을 보냈고, 회사 다닐 때 샀던 외국 브랜드의 다소 비쌌던 옷들은 당근마켓을 이용해서 2~5만 원대로 판매했다. 판매를 올리기 전에는 팔릴지 의문을 가졌던 것들이 대부분 하루 이틀 만에 판매됐다. 구매 당시의 가격을 생각하지 않았다. 누구라도 이 옷, 이 가방을 다시 사용해 주길 바랐다. 그리고 그 외의 제품들은 아름다운 가게에 기증하고 기부 영수증을 받았다.

퇴사의 이유이기도 했던 옷 소비를 줄이기 위해 나는 아이의 옷도 잘 안 산다. 사실 다른 집을 가보지 않는 이상 내가 아이의 옷을 많이 사는지 적게 사는지 알 길은 없다. 느낌 상 '내가 옷을 너무 안 사주나?' 생각하던 때였는데 친정 엄마께서 이웃집에서 아이 옷을 정리한다고 많이 얻어서 보내주신 적이 있었다. 엄마가 보낸 커다란 박스에는 손자 먹으라고 같이 보낸 음료수랑 사탕 몇 개, 그리고 내 생각보다 훨씬 많은 옷이 있었다.

옷은 대부분 너무나 새것 같았고 한 번도 안 입은 듯한 옷도 있었다. 그 집은 외출할 때마다 아이 옷을 한두 개씩 사 오는 건가 생각이 들 정도였다. 친정 엄마가 몇 번인가 더 그 집 아이의 옷을 받아 보내주신 덕에 4살부터 5살까지 아이 옷 걱정이 없었다. 그렇게 입히고도 멀쩡한 옷들은 근처 사는 전 회사 동생에게 줬다. 감사히 옷을 잘 입었지만, 많은 아기 엄마가 이럴 수도 있겠다는 생각에 걱정도 됐다. 금전적인 문제가 아니라 환경을 위해 일단 새것을 사는 습관부터 경계해야 한다. 아이의 옷은 매일 뭔가 흘리고, 모래밭에서 놀고 하느라 빨아도 빨아도 꼬질꼬질하다. 아이는 금방 자라고 아이가 클 때마다 옷을 열댓 장씩 계속 사는 건 아이와 함께 탄소 배출을 많이 하게 되는 것 같아서, 물려받은 옷들로 주야장천 입힌다.

내가 파악할 수 있을 정도의 소유는 불필요한 소비를 막고, 한정된 자원을 더 가치 있게 쓰도록 만든다. 자연섬유로 만들었든 합성 섬유로 만들었든 언젠가는 쓰임이 다해 쓰레기가 된다. 구태여 쓰지도 않을 물건들을 집안 곳곳에 쌓아두지 말고, 다른 누군가에게 쓰임이 되도록 정리부터 하자. 그러고 나면 내 옷들이 보이고, 내 취향이 더 확실하게 드러날 것이다. 진짜 내가 보이는 것이다.

미니멀리스트와 제로 웨이스트는 같은가? 반대되는가?

살림을 귀찮아했던 나는 물건을 적게 사용하는 미니멀 라이프에 매력을 느꼈다. 환경에 대한 그 어떤 실천도 하고 있지 않았지만, 쓰레기를 많이 만드는 건 지양하고 싶었던 터라 미니멀 라이프에 대한 호기심은 깊어만 갔다. 하지만 미니멀 라이프 책에서는 일단 버리라고 하는 경우가 많았고, 초기에는 번역된 해외 서적이 주를 이루었기 때문에 분리배출에 대한 내용이 많지 않았다. 그러던 차에 제로 웨이스트를 알게 되었다. 미니멀리스트들은 미니멀리스트인 동시에 불필요한 쓰레기를 되도록 만들지 않는 제로 웨이스터라고 볼 수 있다. 미니멀리스트 안에, 제로 웨이스트가 있다고 보는 것이다. 그러니 제로 웨이스트를 실천하다 보면 자연스럽게 미니멀리스트가 될 수 있는 것이다.

4인 가구에서 일 년 동안 유리병 한 개 분량의 쓰레기만 배출했다는 유명한 제로 웨이스터 비 존슨의 책《나는 쓰레기 없이 살기로 했다》를 읽었다. 대부분의 식자재는 벌크로 구입하고, 대부분의 쓰레기는 생분해 처리한다. 데오드란트나 눈썹 펜슬은 만들어서 사용하는, 정말 제대로 제로 웨이스터라 불릴 수 있는 사람이었다. 나름 제로 웨이스트를 열심히 실천 중이라 생각했는데, 이 책의 저자 앞에서 나는 세상 환경 파괴범이 아닐 수 없다. 스스로 잘한다 잘한다 칭찬해 줘도 모자랄 판에 이런 엄청난 제로 웨이스트 책을 만나고는 풀이 죽어 의욕을 잠시 상실했던 적도 있었다. 이 상실감 이후, '뭘 할 수 있을까?'라고 스스로에게 질문하며 채식을 시작하게 됐다.

제로 웨이스트나 채식을 공부하고 공유하다 보니 의식 있는 사람들은 그래도 각자 나름의 방식으로 환경에 대해 생각하고 실천하고 있다는 걸 알게 되었다. 나 역시 어떤 사람이 보기에는 한없이 부족한 제로 웨이스터지만, 또 어떤 사람이 보기에는 대단한 실천가일 수 있는 것이다. 환경에는 전혀 관심이 없었지만 미니멀 라이프를 추구하다 보니 소비 자체를 덜 하게 되어, 나도 모르게 제로 웨이스트를 실천하고 있는 사람도 있을 것이다. 제로 웨이스트, 그야말로 쓰레기를 '0'으로 만드는 건 사실상 불가능하다. 그렇기에 조금이라도 덜 만들어보자는 취지로 요즘에는 '레스 웨이스트'라는 말도 많이 쓴다. 내가 제로 웨이

Less Waste Trip

스트에 대한 의욕을 잠시 잃었을 때, 레스 웨이스트라는 단어를 쓰기 시작하면서 다시금 힘을 냈다.

모든 서울 시민이 쓰레기를 하루 10그램만 줄여도 하루에 배출되는 쓰레기 100톤을 줄일 수 있다. 제로 웨이스트든 미니멀리스트이든 레스 웨이스트든 완전 비건이든 플렉시테리언이든 무엇으로 불리는가는 중요하지 않다. 내 행동의 결과가 탄소 발생을 얼마나 줄일 수 있는지가 중요하다. 요즘 내가 SNS에서 자주 쓰는 태그가 있다.

'#야너두할수있어 #레스웨이스트'

4부

엄마라서
채식합니다

매일 버터를 먹던 내가 채식을 하게 된 이유

성공한 사람들에 관한 자기 계발서를 보면 거의 대부분이 '이타적인 마음'이 그 사람을 성공으로 이끌었다 말하며, 네가 사람들을 위해서 세상을 위해서 할 수 있는 일이 무엇인지 고민해 보라는 내용이 자주 등장한다. 음. 그래? 그럼 나는 뭘 할 수 있을까? 어릴 때 꿈은 그림으로 세상을 아름답게 만드는 거였는데…. 그래! 그림으로 세상을 깨끗하게 만드는 거야! 어느 날 갑자기 호기롭게 제로 웨이스트 그림 계정을 만들었다. 첫 피드는 라벨 분리를 기다리고 있는 병들을 그린 거였다. 내용은 정말 대단할 것 없는, 라벨을 분리하지 않으면 분리배출을 못 하니 저렇게 유리병이 쌓이고 있다는 내용이었다. 그렇게 시작된 나의 원대했던 제로 웨이스트 계정은 나 이렇게 분리수거 잘한다, 나 지퍼 백도 안 쓴다, 나는 천연 수세미로 설거지한다 등

아주 소소한 제로 웨이스트 일상을 피드에 올렸다. 그게 다였다. 그러다 문득 내가 진짜 제로 웨이스트를 실천하는 게 맞는지 의문이 들었다. 일주일만 지나도 일회용 플라스틱 더미가 눈덩이처럼 불어나있고, 마트 가서 장이라도 보면 비닐을 사러 마트에 간 거였나 싶게 많은 비닐이 나왔다. 그야말로 '현타'가 온 것이다. '#제로웨이스트'라는 태그를 내 피드에 쓰기 민망할 정도였다. 내 삶과 제로 웨이스트는 관계가 없어 보였다. '진정성'이라는 단어 앞에서 나의 제로 웨이스트 계정은 일시정지 상태가 되었다.

제로 웨이스트 그림을 주로 올리다 보니 내 계정에 들어와서 '좋아요'를 눌러주는 사람도, 팔로우를 하는 사람도 대부분 친환경적인 삶을 실천하는 사람들이다. 친환경적인 삶 중에는 나처럼 제로 웨이스트만 하는 사람도 있고, 더불어 메탄가스 발생을 줄이기 위해 소 돼지의 섭취를 지양하는 채식인들도 더러 있다. 그들 중에는 매우 강하게 육식을 거부하고, 채식을 독려하는 계정도 있다. 그즈음 나는 다이어트를 목적으로 키토 제닉(저탄수화물 고지방) 식단을 몇 달간 이어오고 있었다. 한번 하면 제대로 하는 스타일이라 온갖 키토 제닉 요리와 디저트를 만들며 키토 식단에 열정적이었다.

아침에 눈을 뜨면 물을 끓이고 남편이 로스팅 해온 원두를 갈고 스테인리스 필터에 넣어 핸드드립으로 커피를 추출한다. 추출한 커피를 믹서에 넣고 버터 두 큰 술과 MCT 오일 한 큰 술을 넣고 윙~ 갈면 점심까지 허기짐을 느끼지 않을 방탄 커피가 완성된다. 이렇게 아침마다 버터를 먹고, 요리할 때도 버터를 아낌없이 쓰고, 가끔 출출하면 그냥 버터 한 조각을 먹기도 했으니 목초 버터 500그램은 우리 집 냉장고에서 2주도 안 되어 떨어지곤 했다. 어디 버터뿐인가. 점심은 메뉴에 고기가 많은 식당으로 찾았고 저녁 메뉴를 정할 땐 소 돼지 닭 중 무엇으로 먹을지 정하는 게 우선이었다. 그런 내가 보기에 다소 불편한 영상들을 올리는 계정들이 처음에는 좀 부담스러웠고, 모른 척하고 싶었다. 대부분 낙농업계나 축산업계의 폐해를 부분적으로 보여주는 영상이었다.

어느 날 보게 된 피드는 잔상처럼 계속 머릿속에 남아 나를 괴롭혔다. 원형으로 줄지어선 젖소들이 있고 젖소들의 몸에서부터 시작되는 줄 같은 것이 원의 중심에서 만나고 있었다. 젖소들이 착유 중인 사진이었다. 갑자기 소름이 돋았다. 모유 수유를 했던 지난날이 떠오르면서 젖소들의 모습이 이제 막 출산하고 유축기를 이용하는 엄마들의 모습으로 대체되었다. 며칠 전에 내가 아이를 출산했는데 내 젖이 내 아이가 아닌 다른 이의 미각적인 만족과 영양을 위해 착유된다고 생각하니 끔찍했다.

계속 키토 제닉 식단을 유지할 수 없었다. 그때부터 채식을 공부했다. 카더라 통신 말고, 검증할 수 있는 진짜 정보가 필요했다. 그때 어떤 분의 책 추천 피드를 보게 되었다. 《어느 채식 의사의 고백》 제목이 진짜 진실을 말해줄 것 같았다. 채식의 허와 실이 있다면 허와 실을 모두 다 말해주지 않을까. 그 어느 때보다 집중해서 읽었다. 채식의 합리적이고 타당한 이유를 찾아야만 했다. 왜냐? 나는 유아기의 아이를 키우는 엄마니까 스스로도 납득할 만한 증거가 필요했다. 지방 섭취만이 건강한 식단이라고 생각해서 고구마 감자도 안 먹던 나는 채식과 탄수화물에 대한 오해를 풀고 싶었다. 다행히 책 속에는 매우 과학적인 연구 결과를 바탕으로 우리가 채식한다고 했을 때 흔히 하는 걱정인 단백질 공급원이나 영양 불균형 면에서 채식이 결코 부족하지 않음을, 동물성 단백질이 식물성 단백질보다 우월한 점이 없음을 보여줬다. 그리고 비정제 탄수화물은 죄가 없음을 알려주었고, 식단의 70퍼센트가 탄수화물인 채식으로 암 환자를 치료한 내용도 다루고 있었다. 나를 설득하기에 충분한 내용이었다.

채식 식단 일주일 하고는 "나 비건입니다. 고기 말고 채소 먹어요"라고 콘텐츠를 만들 만큼 낯짝이 두껍지 않았던 탓에 내가 채식 식단을 유지할 수 있는지 확인의 시간이 필요했다. 한 달 정도였을까 고기 생각이 전혀 안 났고, 채식 식단을 그런대로 잘 유지해냈다. 제로 웨이스트보다 훨씬 쉬웠다. 적어도 나는 그랬다. 비건은 내 의지로 결정할 수 있는 게 많았지만 제로 웨이스트는 내 의지만으로는 안 될 때가 많았다.

내 선택으로 육식 소비가 만들어내는 메탄가스를 줄일 수 있다. 나는 제로 웨이스트 생활은 못 해도 레스 웨이스트와 비건 생활로 지구 환경에 공헌할 수 있다. 막상 해보니 할 만하고, 가끔 가족들은 외식 때 육식을 하기도 하지만 이전보다 많이 줄었다. 나 역시도 '무조건적 비건' 이 아닌 '되도록 비건'을 지향하고 있어서 계란이나 유제품이 사용된 음식은 간혹 먹기도 한다.

"완벽한 한 명의 비건보다 하루에 한 끼 정도는 고기 없는 식단을 하는 열 명이 지구에는 더 도움이 된다"라고 한다. 내가 다른 사람의 피드를 보고 채식할 생각을 했던 것처럼 내가 쓴 글로 인해 오늘 하루, 오늘 한 끼 고기를 안 먹겠노라 선택하는 사람이 생겼으면 한다. 고기를 끊으라는 게 아니다. 버터를 먹지 말라는 게 아니다. 사람은 그리 쉽게 바뀌지 않고 특히나 먹는 것에 있어서는 더 그렇다. 일주일에 한 번 치킨을 먹었다면 한 달에 한 번으로 줄여보고, 소고기 먹을 바엔 메탄가스 배출이 상대적으로 낮은 돼지고기를 먹으면 된다. 지금은 내 아이가 살아갈 터전인 지구를 위해 이런 선택이 요구되는 시대이다.

아이에게 비건 식사, 영양면에서 괜찮을까?

"근데, 친구는 몇 살이야?"

"저는 6살인데요."

"뭐? 6살? 진짜야? 8살 아니고?"

놀이터나 엘리베이터에서 아이의 나이를 얘기하면 늘 비슷한 반응이 돌아온다. 믿을 수 없다는 표정과 말투로 되묻곤 한다. 아이는 그런 반응이 재미있는 건지, 가끔 엘리베이터에서 "저는 6살인데요"라고 궁금해하지 않는 사람에게도 본인의 나이를 굳이 알려주어서 약간 민망할 때가 있다.

아이가 5개월쯤 되었을 때 가을이 되어 기온이 급격히 낮아져서 옷을 두껍게 입혔다. 외출할 때도, 잠잘 때도, 얇은 민소매 옷을 입고 자던 아이에게 두꺼운 내의를 입혀 재웠다. 그렇게 3일이 지났을까 아이의 온몸에 두드러기처럼 피부 발진이 생겼다. 땀띠라고 하기에는 너무 온몸에 퍼져 있었다. 온갖 좋다고 하는 로션은 다 써보고, 이리저리 알아보며 성급하게 샤워 제품을 바꿨다. 어떤 제품은 더 심해지기도 했고, 어떤 제품은 좋아지는 듯하다 다시 심해지기를 반복했다. 원인을 알고 싶어서 알레르기 검사를 했다. 작디작은 손등에 주삿바늘을 꽂아 채혈했다. 알레르기 검사 결과 여러 요인이 나왔는데 그중에 우유와 달걀 견과류가 있었다. 7개월쯤 혼합 수유를 하려고 분유를 먹여 보려다 아이가 젖병을 거부하는 과정에서 분유 한 방울이 이마에 튀었는데 빨갛게 올라온 이유가 바로 알레르기 때문이었음을 알게 되었다. 그래서 미련 없이 혼합 수유를 포기했다. 알레르기와 아토피의 상관관계에 대해서 정확하게 증명된 건 없었다. 다만 엄마인 내 추측으로는 알레르기 요인(유제품)에 노출되면 배출을 위한 체온이 상승하고, 상승한 체온을 떨어뜨리기 위해 땀이 배출되어야 하는데 우리 아이 같은 경우는 땀을 잘 흘리지 않는 편이라서 피부 표면에 열이 정체되어 피부가 건조해지는 것 같았다.

알레르기 때문에 유제품이나 계란이 들어간 음식은 피해야 했고, 특이하게도 아이는 국에 들어있는 고기 정도는 조금 먹지만 구운 고기나 튀긴 고기는 별로 좋아하지 않았기에, 아이의 이런 식성도 내가 채식을 결심하는데 일조한 셈이다. 내가 비건 지향이지만 내 주변 사람들로부터 아이의 영양 결핍에 대한 걱정이나 간섭을 크게 받아본 적은 없다. 그건 우리가 또래보다 평균 20센티미터 정도 크기 때문일 것이다. 삼시 세끼 고기반찬을 챙겨준 아이와 어린이집이나 유치원에서만 고기를 간혹 먹고 나머지는 채소로 끼니가 채워진 아이 중에 누가 더 키 크고 건강한 사람이 될까? 단백질 부족, 칼슘 부족으로 아픈 사람은 거의 없다. 단적인 예로 공신력 있는 타임지에서 선정한 세계 10대 슈퍼 푸드 중에 식물이 아닌 건 '연어'뿐이다. 채소만 잘 먹어도 영양제를 따로 먹일 필요가 없다. 대부분의 영양소는 음식으로 섭취할 때 가장 좋다.

지구상의 가장 큰 포유류들은 다 채식주의자들이다. 기린, 코끼리, 하마, 우리가 즐겨 먹는 소까지. 코끼리는 하루 중 17~19시간 정도 먹이를 찾아 걷는다고 한다. 몸에 근육이 하나도 없다면 17시간을 걸을 수 있을까? 식물에는 필수아미노산 형태로 단백질이 있다. 고깃덩어리 단백질과 필수아미노산으로 작게 쪼개진 단백질 중 어느 쪽의 흡수가 더 빠를까? 내가 과학자가 아니어도 알 수 있다. 주변에 아이를 키우는 엄마들 중에 매 끼니 고기반찬을 챙기는 경우가 종종 있다. 성장기에 필요한 단백질 섭취를 위해 빠지면 안 되는 음식인 것처럼 육류를 챙긴다.

세계보건기구는 단백질이 동물성이든 식물성이든 소화흡수율 및 생물학적 활용에 있어서 차이가 없으며, 인체가 적응할 수 있는 단백질 섭취량의 범위도 넓어서 1킬로그램당 0.36그램의 단백질만 섭취하더라도 1~4주의 기간이 지나면 소변의 질소 배출이 감소해 단백질 균형이 유지될 수 있다는 사실도 지적하고 있다.

—《조금씩 천천히 자연식물식》 중에서

육류는 장에서 완전히 소화되기까지 2~3일 정도 걸린다. 음식물이 장 속에 3일 동안 있으면 어떤 상태일까? 36~37도로 부패하기 좋은 온도와 습도가 유지되는 곳이 바로 우리 몸이다. 부패된 음식물 찌꺼기에서는 독소가 나오는데 배출되지 못한 채 다시 몸으로 흡수된다. 그러니 육식의 횟수라도 줄일 수 있다면 아이의 건강과 기후위기에 더 나은 선택이 될 수 있다.

그러니 육식의 횟수를 줄이고 그 자리를 녹말, 채소, 콩류, 과일 등으로 채운다면 성장에 필요한 영양 결핍이나 과잉에 대한 문제없이 아이에게 더 건강하고, 아이가 살아갈 지구 환경에도 더 나은 선택이 될 수 있다.

* 세계보건기구는 2015년 자외선 술 담배와 함께 햄 소시지 같은 육가공품을 1군 발암물질로, 소 돼지고기 같은 붉은 육류를 2군 발암물질로 지정하고, 장시간 복용 시 직장암을 일으킬 확률이 높다고 발표했다.

엄마의 비건은 왜 비난 받아야 하나요?

얼마 전 어떤 신문사와 비건 육아에 관해 인터뷰를 했었다. 인터뷰 내용은 실릴 수도 있고, 안 실릴 수도 있다 했는데 그 이후 별다른 기별이 없는 걸로 봐선 기사화되지 않은 모양이다. 기사가 실리건 안 실리건 사실 크게 중요하지는 않다. 단지 그 당시 인터뷰어의 걱정과 우려가 기억에 남는다. 기자님은 "원하시면 익명과 모자이크 처리 가능하신데 어떻게 하시겠어요? 비건 육아가 사람들로부터 비난을 많이 받잖아요"라고 말문을 시작했고, 나는 "비건 육아가 비난을 받나요? 왜요?"라고 되물었다. 그러자 기자님은 최근에 8개월 아이에게 극심한 비건식을 주어 아이가 영양실조로 죽은 사건이 있었다고 했다. 사실 몰랐던 사건이었고, 인터뷰 이후에 검색하여 자세한 내용을 알게 되었다.

세 아이의 엄마가 과일과 채소만 먹는 엄격한 비건이었고, 세 아이 중 막내가 영양실조로 사망했다. 아이의 상태가 좋지 않다는 걸 알고도 방치하였고 그 결과로 사망에까지 이른 것이다. 그는 종신형을 선고받았다. 이 사건에 대해 생각을 안 해볼 수 없다. 나는 이 사건이 비건식이라서 아이가 사망한 게 아니라, 엄마의 방치에 의한 사망이라고 생각한다. 이 엄마는 무책임했고, 자신이 완벽하게 컨트롤할 수 없는 상황이 있음을 인정하지 않았다. 나 역시 채식이 환경에 더 옳은 방향성이라고 결론을 냈지만 호떡 뒤집듯 비건 지향을 선택할 수는 없었다. 왜냐하면 나는 어린 자녀를 둔 엄마이기 때문이다. 거기다 비건 엄마를 향할 주변인들의 시선도 만만치 않을 것이다.

"애는 그래도 고기를 먹여야지~"

남의 자식 걱정해 주는 고마운 분들의 목소리가 생생히 들려온다. 그런 우려 섞인 목소리에 자신 있게 대답해 주려면 공부를 해야 했다. 내가 알아야 한다고 생각했다. 오래전부터 제목은 알고 있었던 책 《어느 채식의사의 고백》을 정독했다. 비건 위주의 식사를 하려 할 때 가장 먼저 드는 생각은 대부분 같은 것이다. 단백질은 무엇으로 섭취하지? 나 역시 그랬다. 매일같이 두유를 먹던 아이였기에 어느 정도 단백질 섭취가 가능할 거 같지만, 두유에는 단백질 외에 당분도 들어있으니 너무 많이 먹일 수는 없었다.

《어느 채식의사의 고백》에서 내가 가장 궁금해했던 부분을 알 수 있었다. 기아 상태나 칼로리가 아주 부족한 영양결핍의 식사를 제외하고 단백질 부족 상태는 일어나지 않는다. 이처럼 단백질에 대한 궁금증이 풀리면 자연스럽게 따라오는 의문은 칼슘이다. 우유를 안 먹으면 칼슘은 어디서 섭취하지? 태어나서 아이가 6살이 될 때까지 몇 번의 영유아 검진을 하면서 좀 불편했던 부분이 있다. 매번 영유아 검진 질문지에는 아이가 하루에 우유를 몇 잔 마시는지가 나온다. 그 질문은 우유 알레르기가 있는 아이들을 전혀 고려하지 않은 것이다. 하루의 칼슘 섭취 통계가 목적이라면, 우유를 못 먹는 아이들의 경우는 칼슘이 풍부한 참깨나 브로콜리 콩류 같은 식품을 하루에 얼마나 먹는지로 대체해도 되지 않을까. 결국 소가 만들어내는 우유 속 칼슘과 미네랄도 소가 식물을 통해 섭취한 것이다. 식물은 뿌리를 통해 흙에서 오는 칼슘과 미네랄을 빨아들이고, 열매나 채소 내의 섬유조직에 저장한다. 그러니 식물로부터 칼슘과 미네랄을 섭취할 수 있는 것이다.

2005년 미국 소아과 의학저널 〈소아과학〉pediatrics 에서도 "어린이와 청소년이 우유와 유제품의 섭취를 늘린다고 해서 뼈가 강화된다는 증거는 어디에도 없다"라고 밝혔는데, 우리나라에서 태어난 아기들이 몇 번에 걸쳐 받는 영유아 검진에서는 우유의 섭취가 마치 필수인 양 검열 아닌 검열을 하고 있다.

> "칼슘을 지나치게 섭취하면, 장내 세포가 초과분에 대해 거부반응을 일으키고, 신장도 협력하여 잉여분을 제거하게 된다. 만일 몸이 잉여 칼슘을 제거하지 못한다면 어떻게 될까? 당연히 몸에 흡수될 것이다. 심장과 근육과 피부와 신장에 침투하게 되고 심장과 신장에 문제가 생겨 결국 죽음에 이르게 되는 것이다."
>
> ―《어느 채식의사의 고백》 중에서

현대인에게 생기는 질병과 많은 사망의 원인은 어떤 영양소의 결핍이나 부족이 아닌 대부분 영양 과잉으로 인한 것이다. 몇 가지 책과 다큐멘터리를 공부한 뒤, 비건 지향이 아이에게 전혀 문제가 되지 않는다는 확신이 들었고, 이미 우리 아이의 경우 유제품 섭취가 불가능한 상황이라 나는 엄마이지만 비건을 지향할 수 있었다.

우리 아이에게 비건을 강요하지는 않지만, 집에서 내가 요리할 때 육류를 이용하는 일은 없다. 동물성 식품 대신 식물성 식품에서 단백질을 섭취하도록 현미 오분도미 백미 잘게 부순 콩을 넣어 밥을 하고, 아이가 좋아하는 생선구이와 구운 채소 생

채소로 하루 영양소를 적절히 섭취하도록 한다. 그리고 유치원에서 점심으로 먹는 육류가 있기에 굳이 집에서까지 육류를 먹일 필요는 없다. 처음에는 "애는 그래도 고기를 먹여야지"라고 걱정하시던 친정 엄마도 이제 별말씀 안 하신다. 내가 내 아이의 엄마이기 때문이다. 늦잠을 자 밥도 못 먹고 나가는 딸이 학교 가서 배고플까 현관 앞까지 따라와 밥을 한술 더 떠 먹이던 우리 엄마의 마음처럼 나 역시 내 자식이 제대로 잘 먹고 건강하게 자라길 바란다. 누구보다 자식 걱정을 할 엄마에게 이래라 저래라 이러쿵저러쿵할 필요가 없다. 어떤 엄마가, 어느 부모가 자식이 건강하지 않길 바라겠는가? 앞서 나온 사망 사건은 아이 부모가 제대로 공부하지 않았으며, 아이 상태를 제대로 돌보지 않은 것이다. 모든 비건 엄마를 앞서 나온 사건의 엄마와 동일시하지 않았으면 한다. 그건 오히려 그런 시각을 갖고 있는 사람의 불순한 의도가 느껴질 뿐이다.

선택은 아이 몫으로

비건을 지향하고자 선택한 이후, 집에서는 육류를 이용한 요리를 멈추었다. 사실 우리 집 어린이는 원래도 구운 고기를 잘 먹지 않았고, 미역국 소고기뭇국 삼계탕 정도가 아이가 먹는 육류였다. 미역국을 빼고는 특별히 해달라고 하지도 않았다. 또 소고기보다 가자미나 황태를 넣고 끓인 적이 많아서 딱히 소고기 미역국을 찾지도 않았다. 돈가스보다 생선가스를 좋아하고 구운 애호박 구운 김 씻은 배추김치면 밥 한 그릇 다 먹는 어린이라 어린이의 식단에서 고기를 빼는 일은 어렵지 않았다.

여름에 아침식사로 감자나 옥수수를 삶아서 주고, 엄마 아빠가 먹는 샐러드를 같이 먹을 때도 있고, 사과와 브로콜리 그리고 두유만 먹는 날도 있다. 늦가을부터는 수분이 날아가 더 달콤해진 꿀 고구마를 오븐에 구워 아침으로 먹는다. 감자나 고구마가 없을 때는 양파 애호박 씻은 김치를 쫑쫑 썰어 볶은 후 참기름 김자반과 함께 주먹밥으로 해준다. 가끔은 통밀 쌀 식빵에 잼만 발라 두유와 먹기도 하고 엄마가 좀 여유 있는 주말 아침에는 병아리콩 패티, 사과, 양상추를 넣은 샌드위치를 만들어주기도 한다. 고기 없는 카레와 고기 없는 토마토 스파게티도 맛있게 잘 먹고, 우유 대신 두유나 오트 밀크를, 계란 대신 타피오카 전분을 이용한 베이킹도 종종 함께한다. 고기 없이도, 유제품 없이도 충분히 맛있고 즐거운 식사를 하고 있다.

아이가 만 5살이던 어느 날에 "난 채식주의자야"라고 말했다. 채식주의자의 뜻을 알기는 하고 하는 말인지 웃음이 나왔다. 아이가 보는 만화영화 속 캐릭터 중 한 명이 채식주의자로 나와서 그렇게 말하는 것 같았다. 채식주의자 콘셉트 캐릭터가 만화 시리즈의 주인공으로 등장한다는 게 내심 반가웠다. 다른 사람의 취향을 존중하는 미국이기에 가능한 것 같아 한편으로는 씁쓸하기도 했다. 저렇게 등장인물의 주된 특징 중 채식주의가 언급된다면 채식 역시 하나의 기호로, 취향으로 존중받을 수 있겠다 싶었다.

우리 아이는 비건이 아니다. 다른 아이들에 비해 채소를 많이 먹긴 하지만, 외식할 때 탕수육을 먹기도 하고, 소고기 쌀국수를 먹기도 한다. 대신 플렉시테리언(간헐적으로 고기를 먹는)이라고 할 수는 있겠다. 아이가 육류 메뉴를 골랐을 때 "그건 안 돼, 다른 거 먹자"라고 하지 않는다. 그저 내 메뉴를 육류가 들어가지 않은 음식으로 따로 주문하고, 아이가 자기의 음식을 나에게 먹어보라고 권했을 때, "엄마는 채식주의자잖아"라며 사양한다.

채식은 기후 위기와 아이의 알레르기 때문에 내가 선택한 길이다. 충분한 시간에 걸쳐 고민하고 탐색한 후 내가 직접 내린 결정이다. 이 결정에 대한 책임은 내가 지는 것이다. 내가 채식을 고민할 당시 만 3살이던 아들에게 너 역시 결정을 내리라고 할 수는 없다. 어린아이들은 어떤 중요한 결정을 내리기에는 아직 이른 시기이기에 보호자가 마음대로 정해서는 안 된다. 다만, 아이의 몸도 마음도 조금 더 자란 후에 엄마가 왜 채식을 지향하게 되었는지, 공장식 축산과 낙농업이 왜 환경에 좋지 않은지 이야기해 주려 한다. 지금도 환경 그림책을 간간이 읽어주면서 플라스틱으로 오염된 바다, 소의 방귀로 인한 대기 오염, 그리고 모든 생명은 소중하다는 메시지를 조금씩 알려주고 있다. 음식을 남기는 건 농부 선생님들께도 미안한 일이고, 지구에게도 미안한 일이라고 말해준다. 집에서는 물티슈 대신 소창 행주와 손수건을 쓰고, 지퍼 백 대신 광목 주머니나 밀폐용기를 쓴다. 내가 낳은 아이지만 나와 다른 인격체이고, 어느 정도 나이

가 되면 자신에 관한 것들은 스스로 결정하길 바란다. 여러 가지 선택을 안내해 주는 것, 거기까지가 나의 역할이다. 선택은 아이의 몫이고, 설령 아이의 선택이 내 방향과 맞지 않다고 한들, 내가 어찌할 수 있는 것은 없다.

우리 삶의 터전인 지구가 조금이라도 덜 파괴되었으면 하는 마음으로 사람들은 저마다의 방식으로 정부와 기업의 변화를 요구하고 행동한다. 환경을 생각하는 사람 모두가 나처럼 채식을 하는 건 아니다. 그러니 내 아이가 나중에 비건 지향이 아닌 다른 선택을 할 수도 있겠지만, 환경이야 어찌 됐든 나 편한 대로 살 거야 하는 사람은 되지 않을 거라고, 그때가 되어보지 않아도 알 수 있다.

알레르기가 있어서 다행인지도 몰라

"죄송해요, 아이가 우유 알레르기가 있어서요."

놀이터에서 놀 때나 식당 같은 곳에 갔을 때 초콜릿처럼 우유가 든 간식을 받게 되는 상황이 가끔 생긴다. 참 난감하지만 되도록이면 그 자리에서 거절하는 편이다. 거절하기 미안해서 어쩔 수 없이 그걸 받으면 아이가 먹고 싶을 테니까. 그래도 알레르기 있다는 이유로 거절하는 건 이유가 명확하기에 나도, 상대도 덜 불편한 상황이 된다.

아이에게 알레르기가 있는 건 엄마에겐 사실 힘든 일이다. 감자튀김을 시켰는데 치즈가루가 뿌려져 나오거나, 김밥에 계란 빼주세요 했는데 김밥 집 기본 소스가 마요네즈 베이스였던 적도 있다. 한번은 명절 연휴에 카페에 갔다가 '딸기 바나나 주스'라고 적힌 음료를 주문했는데 우유 베이스 음료가 나온 줄 모르고 반이나 먹였다가 온몸에 두드러기처럼 발진이 올라왔었다. 그 당시 문 연 약국을 겨우 찾았는데 아이 상태를 보시더니 응급실로 가는 게 좋겠다고 해서 급히 응급실을 찾은 적이 있다.

또 유치원 급식, 간식 식단표를 보면 알레르기 있는 아이의 엄마로서 마음 아픈 일이 많다. 요일마다 우유나 계란 버터 등 알레르기 요인이 두 가지 이상은 들어가 있다. 매월 말, 다음 달 급식, 간식 식단표에서 알레르기 있는 제품을 형광펜으로 체크해서 유치원에 보내야 하는데 식단표에 형광펜 잔치가 열린다. 한번은 내가 늘 체크하다가 등원 직전에 생각이 나서 이미 외출 준비를 끝낸 남편에게 부탁했다. 내가 부랴부랴 외출 준비를 마치고 나와서 다했냐고 물으니 “아니 나는 마음이 아파서 못 하겠어. 뭐 거의 다 체크해야 하던데?”라고 말하기도 했다.

알레르기의 발현 정도가 피부 발진과 가려움이라서 조금만 들어간 건 체크를 안 하는 경우도 있다. 하지만 떡, 과일, 과일주스가 간식으로 나오는 날 외에는 거의 다 알레르기 유발 물질이 들어간 것들이다. 체크한 간식의 대체 간식이 나오기는 하지만 다른 친구들이 먹는 걸 보며 같은 걸 먹고 싶어 할 아이가 생각나 마음이 아프다. 이런 상황을 겪으면 약간 억울한 마음도 들고, 짠한 마음도 들고, 우리나라 복지 수준에 화가 나기도 하고 여러 생각이 들지만, 이왕이면 긍정적으로 생각하기로 했다.

만일 아이가 우유 알레르기가 없었다면 매일같이 아이스크림을 먹겠다고 했을지도 모른다. 또 아이의 알레르기 덕분에 비건 지향 결심이 쉬웠고, 덕분에 나도 이틀이 멀다 하고 먹던 아이스크림을 몇 년째 입에도 대지 않는다. 카페에 가면 당연히 함께 주문하던 조각 케이크도 이제는 먹지 않는다.

스트레스 환경에 노출된 동물들은 자주 질병에 걸린다. 그렇기에 사료에 항생제가 들어가고, 그 항생제는 동물의 분뇨를 통해 땅으로 바다로 배출되어 환경을 오염시키고, 배출되지 못한 것들은 소의 살점에 소의 젖에 축적되어 우리가 음식으로 먹게 된다. 항생제의 남용으로 항생제 내성을 걱정하는 부모가 많은 것으로 알고 있다. 항생제는 실제로 약으로 섭취하기도 하지만 이렇게 알게 모르게 섭취하는 경우도 분명히 존재한다. 이런 걸 생각하면 차라리 알레르기 때문에 먹지 않는 게 나은 지도 모르겠다.

아이와 함께 비건 요리를

"역시 엄마가 끓인 점심이 제일 맛있다니까"

(풀이: 역시 엄마 요리가 제일 맛있다니까)

집에서 채소로만 요리를 해줘도 엄마의 요리가 세상에서 제일 맛있다고 해주니 얼마나 고마운지 모른다. 우리 아들이 엄마 요리 중에 가장 좋아하는 것 몇 가지만 골라보면 김밥, 카레, 샌드위치, 샐러드, 가자미 미역국이 있다. 이 중에서 김밥과 샌드위치는 아이와 같이 만들 수 있어서 아이가 더 좋아하고 잘 먹는다.

아이가 놀고 있을 동안 밥솥에 밥을 안치고, 재료 준비를 시작한다. 그날그날 냉장고 사정이나 장본 것들 안에서 만들기 때문에 속 재료는 조금씩 바뀐다. 그래도 김밥은 늘 맛있다. 김밥 맛집은 대부분 계란 지단이 내 엄지손가락만큼 두껍다. 그렇지만 우리 아이에게는 계란 알레르기가 있어서 계란은 속 재료로 탈락이다. 비건 지향 엄마이기 때문에 햄은 사지 않는다. 대신 맛살이나 어묵을 넣는데 아이가 싫어해서 요즘은 맛살도 넣지 않고 어묵만 조려서 넣는다. 사각어묵을 1센티미터 폭으로 길게 썰어 간장과 올리고당에 살짝 졸인다. 이건 우엉조림이 없을 때 해본 방법인데 우엉조림의 빈자리를 꽉 채워준다.

초록색 재료는 오이가 있으면 오이를, 시금치가 있으면 시금치를, 부추가 남았을 땐 부추를 넣는다. 오이는 씨를 제외한 부분을 길게 자른다. 시금치는 데쳐서 시금치나물 하듯이 하는데 김밥에 들어갈 시금치에는 마늘과 파를 생략한다. 어른만 먹는다면 생부추도 좋겠지만 아이와 먹을 것이니 썰어서 살짝 볶거나 데친다. 그리고 당근은 가늘게 채 썰어 올리브유를 조금만 넣고 약한 불에 볶아놓는다. 김밥 단무지는 물에 한번 씻어서 물기를 빼놓고, 김밥 단무지가 없을 땐 채 썬 무를 식초 설탕 소금에 살짝 절여서 물기를 꾹 짠 뒤 넣는다. 이 정도면 기본 김밥은 만들 수 있다. 여기에 옵션으로 추가할 수 있는 재료는 새송이버섯과 파프리카 그리고 깻잎이다. 새송이버섯을 길게 채 썰어서 살짝 볶는다. 파프리카는 채 썰어둔다. 깻잎은 잘 씻어서 물기를 빼놓는다. 이 모든 재료가 있을 필요는 없다. 네 가지 정도만 있어도 꽤 맛있는 김밥이 된다.

이제 밥이 다 익었다. 우리 집 전기밥솥의 내솥은 스테인리스라서 볼에 옮기지 않고 밥솥 내솥에 바로 소금 참기름 깨소금을 넣고 잘 섞는다. 참기름은 넉넉히 들어가야 맛있다. 내가 생각했을 때 김밥의 맛을 좌우하는 건 햄도 맛살도 단무지도 아니다. 밥의 간이다. 밥이 너무 싱거워도 너무 짜도 김밥이 맛없어진다. 다른 재료의 간도 있으니 아주 살짝 아쉬운 정도가 좋다. 재료 준비가 다 되면, 아이는 어느새 옆으로 와서 자기도 하겠다고 기웃거린다. 사실 아직 6살 남자아이가 마는 김밥은 다소 엄마의 인내심을 시험하는 경향이 있지만 앞으로 몇 해나 엄마 옆에 와서 자기도 하고 싶다 하겠나 싶어, 주도권을 내준다.

김발에 김 한 장 올리고, 밥을 잘 펴놓은 뒤 "네가 넣고 싶은 거 넣어"라고 말하면, 의외로 아이는 모든 재료를 다 넣는다. 아, 단 한 가지 우엉은 빼고. 제일 먼저 깻잎 두 장 나란히 깔고 단무지로 시작해서 당근 오이 시금치도 팍팍 넣는다. 자기 입맛에 맞는 짭조름한 어묵도 꼼꼼하게 넣는다. 김밥이 터지지 않도록 김 끝부분에 물을 바르는 것도 어린이의 몫이다. 물까지 바르고 나면, 김발 사용이 아직 익숙하지 않은 어린이의 손과 내 손이 함께 김과 김발을 잡는다. 재료들이 쏟아져 내리지 않도록 엄마의 도움을 받아서 고사리 손이 마지막으로 돌돌 말며 대미를 장식한다. 그리고 완성된 잘 말아진 김밥을 자르기 전에 솔로 참기름을 발라달라고 어린이에게 부탁하면 또 신이 나서 참기름을 쓱쓱 바른다. 그리고는 자기건 자르지 말란다. 통째로 들고 먹겠다고. 김밥 한 줄 들고 금세 다 먹은 어린이는 그것만으로는 부족했는지 썰어놓은 김밥까지 몇 개를 집어먹은 후에야 배부른 시늉을 한다.

5~6살쯤의 아이들이라면 아마도 남자아이든 여자아이든 요리하는 걸 좋아한다. 부모의 영역으로 느껴지는 공간과 도구를 사용해 보고 싶은 마음은 어찌 보면 당연하다. 우리 아이도 4살 때부터 가끔 빵이나 쿠키를 같이 만들곤 했다. 그랬더니 종종 "엄마, 우리 오늘 빵 만들까? 쿠키 만들까?" 하고 내게 얘기한다. 아이에겐 요리가 재밌는 놀이인 셈이다. 아이는 재료를 탐색한다. 밀가루를 만져보기도 하는데 찰흙 놀이처럼 신기할 따름이다. 김밥 재료를 준비하고 있는 동안에도 기웃거리며 재료들을 하나둘 집어먹으며 재료의 맛을 파악한다.

엄마 젖을 떼어갈 시기에 이유식을 하는 이유는 모자란 영양을 채운다기보다 아이에게 혹시 있을지 모르는 알레르기 파악도 있다. 또 아이가 식재료와 친해지기 위함도 있다. 모든 걸 잘게 썰어 작은 플라스틱 통에 담긴 이유식은 아이가 채소와 친해질 기회를 잃게 만든다. 엄마가 이유식을 만들다가 손질되지

OAT MILK
현미오일
우리밀
Cinnama

않은 재료를 보여주기도 하고, 데쳐놓은 재료를 손에 쥐여주기도 하면서 아이가 채소와 친해질 수 있도록 만남의 장을 열어주어야 한다. 아이들의 미각은 어른들의 미각에 비해 쓴맛을 좀 더 잘 느낀다 한다. 어릴 때는 맛없던 나물 반찬이 나이 드니 맛있게 느껴지는 것도 아마 혀가 느끼는 쓴맛의 정도가 달라졌기 때문이다. 그러니 아이들은 채소를 아무리 잘게 썰어서 숨겨놔도 기가 막히게 찾아낸다. 접근 방법이 달라져야 한다. 첫인상이 싫었던 사람도 막상 친해지고 나니 좋은 사람일 때가 있는 것처럼 채소를 여기저기 숨기지 말고, 처음부터 채소 고유의 모양과 색깔, 맛을 아이들에게 경험시켜줘야 한다. 그래야 채소와 친해질 수 있다. 브로콜리, 애호박, 파프리카 같은 채소들이 가진 달콤함을 느낄 수 있도록 재료 탐색의 시간을 갖게 해야 한다. 아이에게 채소와 친해질 기회도 주지 않고, "우리 아이는 채소를 안 먹고 고기만 먹어요"라고 하지 말자.

우리 아이는 어릴 때 애호박을 정말 잘 먹었다. 애호박을 그냥 반달 모양으로 편 썰어 노릇노릇하게 구워주면 애호박 집어먹기에 바빴다. 요즘 애호박만큼 좋아하는 채소가 브로콜리인데 다른 양념 없이 데치는 물에 소금 조금 넣어 요리하면 브로콜리 한 접시를 혼자 다 먹는다. 엄마 아빠는 손도 못 대게 한다. 브로콜리를 입에 대고 츕츕하면서 데친 브로콜리의 달콤한 수분을 즐긴다. 샤인머스캣보다 브로콜리를 좋아하고, 파프리카는 과일처럼 먹는다.

우리 아이가 다른 아이에 비해 채소를 잘 먹는 이유가 뭘까. 유제품과 계란 알레르기가 있어서 이유식을 할 수 없었고 채소 위주의 식단으로 유아식을 했던 게 채소와 친해진 이유인 것 같다. 그리고 우리 집은 아침이 샐러드였다. 아침마다 식탁 위에는 양상추, 브로콜리, 사과, 파프리카, 방울토마토 등이 들어간 샐러드가 있었다. 엄마 아빠가 매일 먹는 샐러드이니 아이도 먹고 싶지 않을까? 엄마 아빠가 매일 손에 들고 있는 핸드폰을 아이들이 갖고 싶어 하는 것처럼, 일부로 먹어보라고 하지는 않았지만 스스로 샐러드에 있는 브로콜리나 사과를 먹어보니 맛이 있었던 것이다. 샐러드는 다 내 거라며 자기 앞에 두는 사진이 내 핸드폰에는 많다. 일단 엄마 아빠부터 채소를 자주, 또 많이 먹자. 그래야 아이들도 채소를 자주 보게 되고, 엄마 아빠가 맨날 먹는 음식이 궁금해질 것이다. 우리가 엄마의 화장대가 궁금했던 것처럼 아이들에게 궁금증을 유발해야 한다.

캠핑장에서 고기를 먹지 않아요

"어머 채식하면 캠핑 가서는 뭐 드세요?"

공방에서 수업을 하다 보면 아무래도 이런저런 이야기를 하게 된다. 사실 채식 전파를 위해 일부로 채식 얘기를 꺼내는 편인데, 캠핑 다닌다고 하면 종종 듣게 되는 질문이다. '캠핑=바비큐' 공식이라도 있는 듯이 당연히 고기를 구워 먹어야 한다고 생각한다. 아무래도 불만 있어도 가능한 요리가 고기를 굽는 것이기 때문이다. 비건 지향 이후에 캠핑을 시작했기 때문에 우리의 캠핑 메뉴에는 육류가 없었다. 우리는 고기 말고, 채소를 구워 먹는다. 양파도 굽고, 아이가 좋아하는 애호박이랑 감자도 굽는다. 구운 버섯도 정말 맛있다. 지난가을 끝자락에 치악산으로 캠핑 갈 때는 마트에서 밤을 사서 칼집 내고 화롯불에 올려 군밤으로 만들어 먹었다. 남편과 아이 두 사람이 불 앞에 딱 붙어서 군밤 굽는 모습이 예뻤다. 한참을 구워 먹더니, 밤을 왜 이렇게 조금 샀냐고 아들에게 타박도 받았다.

구운 채소 말고도 캠핑장에서 먹기 좋은 채식 메뉴는 많다. 카레, 채소 수프, 떡볶이, 어묵탕 이뿐만 아니라 무쇠 팬에 바삭하게 구운 김치전도 너무 맛있는 메뉴다. 여름에는 메밀면을 삶아 들기름 막국수로 만들어 먹었다. 낙지볶음이나 오징어볶음 같은 볶음 메뉴도 깻잎 쌈을 싸서 먹으면 정말 맛있다. 감바스나 바냐카우다 같은 메뉴는 아이가 잠들고 난 후 와인과 곁들이기 좋은 캠핑 안주다.

그중에서도 아이 입맛도, 어른 입맛도 만족시킬 수 있는 카레는 비건 지향 캠핑 가족에겐 없어서는 안 될 음식이다. 고기 없는 카레가 고기 있는 카레보다 맛있기 위한 두 가지 팁.

Tip 1. **양파를 넉넉하게 오랫동안 볶기!**

양파를 오래 볶아 캐러멜라이징 하면 단맛과 감칠맛이 나서 수프나 카레 같은 요리에 맛과 풍미를 더해준다.

Tip 2. **토마토를 적극 이용하기!**

방울토마토도 좋고, 토마토 퓌레도 좋다. 토마토는 감칠맛을 끌어올려준다. 나는 포미 스트레인드 토마토 제품을 애용한다. 첨가물 없이 토마토 퓌레만 200밀리리터씩 테트라팩에 포장되어 있어서 한 번에 쓰기 좋고, 테트라팩이라 가볍고, 재활용도 되는 소재라서 집에 늘 떨어지지 않게 구비해 놓는 제품이다.

양파는 채 썰거나 깍둑썰기하고, 감자 당근 고구마 파프리카 브로콜리 버섯은 깍둑썰기하고, 양배추를 넣는다면 좀 더 잘게 다지듯이 썰어 준비한다. 양파만 따로 담고 나머지는 그냥 용기 하나에 다 담아 간다. 가스버너를 켜 달군 냄비에 오일을 두르고, 중불에 양파를 볶는다. 갈색빛이 돌 때까지 인내심을 가지고 볶는다. 이 과정을 캐러멜라이징이라고 하는데 태우지 않고 부드럽게 하기 위해서는 시간이 좀 필요하다. 그래서 이 과정을 미리 집에서 하는 경우도 있다. 잘 볶아진 양파에서 달큼한 향이 퍼져 나온다. 괜히 더 코를 킁킁대게 하는 맛있는 향이다.

이제 감자 당근 고구마 등의 뿌리채소를 넣고 볶는다. 보통 감자랑 당근만 넣곤 했는데 어린이집 친구네에 놀러 갔다가 카레에 고구마 넣는 걸 보게 됐다. 돼지고기 알레르기가 있어서 고구마의 단맛으로 고기의 부족함을 대신한다는 얘기를 들은 뒤부터 나도 카레에 고구마를 넣고 있다.

아이는 고구마 골라 먹기에 바쁘다. 뿌리채소들이 어느 정도 코팅되듯 볶아지면 양배추나 브로콜리 파프리카를 넣고 볶는다. 이제 채소가 물에 잠길 정도로 물을 자작하게 붓고 가스버너의 조절 레버를 강으로 돌린다. 바글바글 끓이다가 방울토마토나 토마토 퓌레를 넣는다. 재료들이 다 익으면 불을 끄고 채식 카레 가루를 물에 넣어주는데 이때 카레 가루가 아닌 소금으로 간을 하면 토마토 채소 수프가 된다. 우리 집 어린이가 채소 수프를 좋아해서 카레 가루를 넣기 전에 감자와 고구마가 넉넉하게 미리 두세 국자 덜어놓는다. 어린이도 토마토 채소 수프 두 그릇은 뚝딱 먹는다. “캠핑 가서 뭐해 먹을까?” 하면 “토마토 수프”라고 말할 정도니까.

토마토 수프를 덜어놓고 채식 카레 가루를 물에 풀어 골고루 휘휘 잘 섞는다. 뭉친 카레 가루가 보이지 않으면 다시 가스불을 켜서 걸쭉해지도록 한소끔 끓인다. 밥을 한 그릇 퍼 담고 김이 모락모락 나는 카레 한 국자를 덮는다. 추위를 잊게 만드는, 채소의 온기가 고스란히 전해지는 따뜻한 카레다. 고기가 없어도 맛있게 두 그릇씩 먹으면서 “역시 엄마가 끓인 카레가 최고지”라고 말해주는 아이와 남편을 보면 감사한 마음이 든다.

아침에는 전날 남은 야채들과 김자반을 넣어 비빔밥 해먹는다. 큰 볼에 쓱쓱 비벼 새소리, 물소리를 반찬 삼아 먹는다. 평소에는 아침을 거르는 편이지만 캠핑장 철수하는 날은 한 시간 정도 열심히 짐을 싸야 하므로 꼭 챙겨 먹는다. 커피도 필수! 집에서 가져온 로스팅 원두 가루를 스테인리스 드리퍼에 담아 끓인 물을 빙글빙글 돌리며 커피를 내린다. 산속에서 먹는 커피는 왠지 집에서보다 더 맛있게 느껴진다.

얼마 전 치악산 국립공원에 있는 캠핑장에 갔을 때, 고기 굽는 냄새가 불쑥 내 코를 찔렀다. 도시가 인간들의 구역이라면, 숲속은 동물들의 구역인 셈이다. 인간들이 야영할 수 있게 마련된 구역도 엄밀히 말하면 동물들의 구역을 조금 침범한 셈이다. 그들의 구역을 빌려 잠시 머물다 가는데, 불을 피워 고기 냄새를 만들어내는 건 숲속 동물에게는 조금 위협적인 행동 아닐까. 고정관념을 버리면 일상은 더 다양해진다. '캠핑=바비큐' 이런 고정관념을 버리면 캠핑 메뉴가 더 다양해진다. 캠핑을 하고 있다면 또는 이제 캠핑을 시작해 보려고 한다면 고정관념을 버리고, 고기 없는 캠핑 데이를 한 번씩 가져보면 어떨까?

남편의 지지가 있어 가능한 엄마의 비건

남편과 나는 키토 제닉 식단을 1년 정도 유지해 오고 있었다. 버터와 육류가 식단의 70퍼센트를 차지하는 고지방 식이를 하다가 내가 갑자기 채식을 하겠다고 하자 남편이 내게 했던 말이다.

"떡볶이를 먹을 수 있으니 난 더 좋은데?"

떡볶이를 너무너무 좋아해서가 아니었다. 키토 식단에 매우 만족하고 잘 유지해 오던 남편이었다. 남편은 저탄고지 식단을 유지해 오면서 마음껏 먹어도 살이 찌지 않는 몸 상태를 달가워했다. 그래서 더더욱 저렇게 가볍게 말해준 것이 고마웠다. 본인은 부엌에서 밥 한 번 퍼 담지도 않으면서, 식사에 관해 엄격한 남편들이 있다고 들었다. 아침에도 5첩 반상 정도는 먹어야 하고, 저녁에는 고기반찬 하나 꼭 들어가 줘야 하는 그런 남편들 말이다. 채식 챌린지 단톡방에서 고기를 꼭 먹어야 하는 남편 때문에 채식을 하고 싶어도 할 수 없다는 얘기를 들은 적 있다. 이분의 남편이 앞서 언급한 개념 없는 남편은 아니겠지만, 그 얘기를 듣고 나니 내가 채식을 시작하고, 또 이렇게 오랫동안 유지할 수 있는 건 남편 덕분임을 깨달았다.

사실 키토 식단도 살을 빼고 싶어서 내가 먼저 하자고 했었는데, 그때도 남편은 토 달지 않고 같이 동참해 줬다. 키토 식단에서 비건 지향으로 어찌 보면 너무나 정반대의 식단으로 하루아침에 바꾸자 하는데 이리 쉽게, 담백하게 그러자고 하는 남편이라니. 남편은 내가 환경에 관심이 많고, 제로 웨이스트를 실천하려는 모습을 옆에서 지켜봐왔다. 그래서인지 비건이 되려는 내 선택을 지지하고 싶었던 모양이다. 아니면 내가 이러다 말 거라고 크게 심각하게 생각하지 않았을 수도.

"그럼 너는 채식해, 나는 원래 먹던 대로 먹을게"라고 할 수도 있다. 하지만 남편은 그렇게 하지 않았다. 그럼 내가 남편 것, 아이 것, 내 것 이렇게 세 종류의 요리를 매끼 해야 한다. 워킹맘인 내 상황을 배려한 것이다. 또 아이가 있는 집이니 아이의 영양섭취를 들먹이며 채식을 반대할 수도 있었다. 그렇지만 남편은 아이의 식사에 대해서 나를 믿지 못해 걱정하는 일 따위는 하지 않았다. 그건 내가 며칠 동안 채식 책을 붙들고 공부하는 걸 봤기 때문이다. 유독 우리나라에서 비건이 공격당하고, 비건인 사람은 자기 검열에 빠져야 할 것 같은 이유에 대해 생각해 봤다. 우리나라는 듣는 교육이 없다. 내 얘기를 말하는 것보다 중요한 게 상대의 이야기를 듣는 거다. 그런데 우리는 제대로 된 말하기 교육도 없을뿐더러 듣는 교육 역시 받아본 적 없다. 다른 사람 얘기를 잘 듣는다는 건 상대의 상황을 있는 그대로 받아들이는 것이다. 상대를 있는 그대로 인정하는 것이다.

"아 그래, 너는 그렇구나. 너는 그런 상황이구나. 그럼 이제 내 얘기도 들어볼래?" 다른 사람의 이야기를 들을 줄 모르는 사람은 "아니야, 그게 아니고. 이게 맞아" 이렇게 된다. 미국이 다양한 개성을 존중하는 문화인 건 그들이 원래 그런 사람들이라서가 아니라, 다른 사람의 얘기를 들을 줄 아는 듣는 귀가 있기 때문이다. '너는 너' '나는 나' 이게 자칫 이기주의처럼 보일 수 있지만 다르게 생각하면 존중인 것이다. 상대의 선택을 존중하고, 취향을 존중하는 것. 그렇기에 내 선택과 취향도 존중받을 수 있다는 보이지 않는 믿음이 그들 안에는 존재하고 있는 것이다.

남편은 채식을 두 팔 벌려 환영하는 사람은 아니지만 내 영향으로 모임에서 소고기를 먹자고 하면 돼지고기나 해산물 종류로 먹자고 하는 등 나름대로 비건을 지향하는 아내를 존중하는 남편의 역할을 하고 있는 듯하다. 그런 거 소용없다고 관조적으로 말하는 친구의 말을 내게 전하며 약간 화가 난 듯 보이기도 했다. 나와 둘이서 외식을 할 때도 한 번도 고기가 들어간 음식을 먹지 않았다. 먹는 것에서 즐거움을 많이 느끼는 사람인데 이렇게 해준다는 것 자체가 내 선택에 대한 존중이고, 곧 나에 대한 존중이다. 그 어떤 응원과 지지의 말보다 고마운 일이다. 그리고 인정 안 해주면 어떤가? 밭농사지어서 채소를 재배해서 수확해 달라는 것도 아니지 않은가?

소수를 위한 옵션

—육식으로 편중된 한국의 외식문화

미국에서 들어온 캘리포니아 피자에 가면 각 메뉴마다 'LV', 'VG' 같은 영어 이니셜이 적혀 있다. 색깔로도 구분되어 있다. 다름 아닌 락토오보베지, 비건, 키토 같은 걸 표시해 둔 것이다. 건강을 위해, 환경을 위해, 또는 동물권을 위해 다른 선택을 한 소수의 사람들에 대한 작은 배려인 셈이다. 비건이어도 논비건과 함께 식사할 수 있도록 말이다.

해외여행을 해본 지가 수년 전이긴 하지만, 수년 전임에도 불구하고 외국의 식당들에서는 비건 식당은 아니지만 한두 가지의 채식 메뉴를 옵션으로 해놓았다. 그때의 나는 비건은 아니었지만 이런 옵션들이 존재한다는 게 나름 신선했고, 소수와 다양성에 대한 존중, 배려 같은 것이 느껴졌다. 비건을 지향하게 된 후 이런 '배려'가 한국 식당에서는 너무나 드문 일이라는 걸 알게 되었다. 완전 비건이 아닌, 페스코 베지테리언이 될 수밖에 없는 이유이기도 하다.

한국에서 외식은 곧 '육식'이다. 소냐 돼지냐, 닭이냐 오리냐 이것만 정하면 된다. 회사에서 회식은 열에 아홉은 고기 집이었고, 나머지 한 번 정도는 치킨이나 생선회였다. 회사 다닐 때 채식을 시작했다면 엄청난 스트레스를 받았을 것이다. 도시락을 싸다니면서 주변 사람들의 눈치를 봐야 했겠지. 우리나라 사람들은 혼자 유별나게 튀는 행동하는 걸 탐탁지 않게 생각한다. 그때가 아닌 지금 채식을 시작한 건 참 다행이다.

집과 공방이 멀어지면서 공방에 출근해 있을 때는 밖에서 점심 식사를 하게 되는데 채식이 가능한 곳을 찾는 게 쉽지가 않다. 육류가 안 들어가면 유제품이 들어가고, 유제품이 안 들어가면 육류가 들어가는 메뉴들이다. 그래서 갔던 곳만 가게 된다. 주로 가는 곳은 계란이나 해산물 없이 순두부 요리와 나물 비빔밥을 파는 곳, 보리 비빔밥이나 팥죽을 파는 곳, 또 오징어나 생선 같은 해산물이 메인인 식당이다. 페스코 베지테리언이 아닌 비건이었다면 비빔밥과 순두부찌개만 먹든지 샐러드만 먹든지 했을 것이다. 식당에서 김치도 못 먹었을 것이고, 찌개에 들어간 육수 재료로 멸치나 새우가 사용되었는지 매번 확인해

Veggie Curry

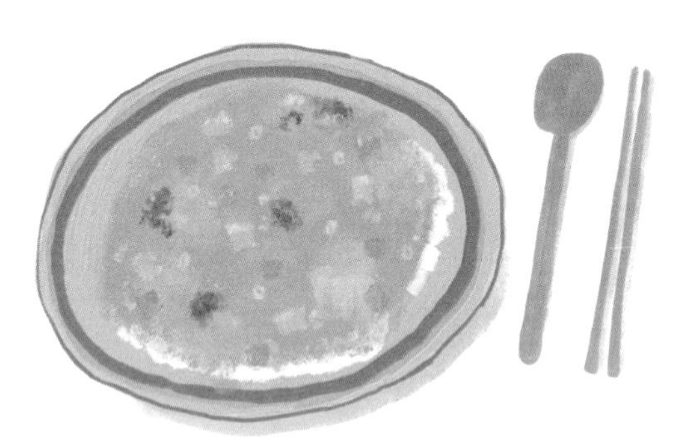

야만 했을 것이다.

채식을 실천함에 있어 스스로에게 약간의 틈을 주는 것이 오히려 꾸준함의 원동력이 될 수 있다. 요즘은 비건 식당이나 비건 옵션이 있는 식당이 그래도 조금씩 생겨나는 추세이다. 서울 이태원 부근이나 연남동 쪽에 대체로 많은 듯하다. 이태원은 아무래도 외국인이 많은 곳이고, 연남동은 젊은 세대의 소비가 주를 이루는 곳이기에 변화가 빠르게 드러난다. 비건이라는 키워드가 트렌드로 급부상하면서 비건에 관심 있는 소비자가 한 번쯤 경험해 보기 위해 많이 방문하는 것 같다. 실제로 어느 비건 브런치 카페에 오픈하기 전에 도착했음에도, 이미 대기 중인 사람들이 많았다. 매장이 그리 크지 않아 우리 앞에 대기 중인 사람들까지만 입장할 수 있었고, 우리는 바로 들어가지 못하고 30여 분 정도를 근처에서 기다리다 입장할 수 있었다. 그럴 수밖에 없는 것이 계란과 유제품을 사용하는 채식 음식점이긴 했으나, 제철 식재료를 이용하고 재료 본연의 맛을 잘 살린 음식 맛은 너무나 좋았다. 비건이 아닌 친구들과 갔었는데 모두가 만족스러운 식사를 할 수 있었다.

이런 비건 식당이 많아지길 바라는 건 아니다. 비건이 단순히 유행에 그치지 않도록, 채식인들이 유별나다, 유난 떤다, 공격받지 않도록, 고기를 먹으러 온 사람들 틈에 채식인도 함께 섞여 식사할 수 있도록, 한두 가지의 다른 옵션이 존재하는 식당들이 늘어났으면 하는 바람이다. 매운 음식을 파는 식당에 아이들을 위한 메뉴 한두 개쯤 파는 것처럼, 그리고 채식인들도 눈치 보지 않고 자신의 취향대로 메뉴를 결정할 수 있도록, 다른 사람의 기호를 존중해 주는 의식의 변화를 바랄 뿐이다.

엄마니까 공장식 비건이 아닌 자연식을 추구합니다

'버섯으로 만든 패티? 구매 후기도 좋은데? 한번 사볼까? 우리 어린이에게 비건 버거를 만들어줘야겠다.'

비건 버거를 만들어주기 위해 구매한 대체육 패티의 패키지에는 패티가 겨우 두 장 들어있는데 플라스틱 트레이에 비닐에 종이 커버까지 쓰레기로 생겼다. 자주 사 먹지는 못하겠다 생각하고 버거를 만들기 시작했다. 버거번을 오븐에 넣고, 예열한 팬에 대체육 패티를 올렸다. 양상추와 토마토를 씻고, 오이는 얇게 썰어 소금을 뿌려놓았다. 패티가 노릇노릇 구워질 때쯤 버거번에 비건 마요네즈를 바르고, 양상추를 올리고, 오이랑 토마토 슬라이스를 올리고, 구워진 패티를 올리고, 마지막으로 버거번을 덮어 완성했다. 아이의 버거에 들어가는 패티는 포 뜨듯 얇게 썰어서 버거가 한 입에 들어갈 수 있게 만들었다.

대체육 패티로 만든 버거 맛은 꽤 훌륭했다. 단독으로 먹으면 어떨지 모르겠지만 빵과 채소 소스가 어우러지니 시중에 판매되고 있는 수제버거 같은 맛이 났다. 남편은 맛있으니 자주 해달라고 했다. 인공의 맛과 향에 어느 정도 익숙해진 어른의 입맛에는 나쁘지 않은 차선책이었다. 그런데 당시 5살이었던 어린이는 한 입 먹어보더니, 식물성 패티를 빼달라고 했다. 패티를 빼고는 채소로만 채워진 버거 아닌 버거를 맛있게 먹었다. 인공적으로 만들어낸 육류의 맛과 향이 아이에게는 익숙하지 않았던 모양이다. 여러 쓰레기가 생겨나는 점, 아이가 그다지 좋아하지 않았던 점 때문에 첫 구매 후 두세 번 정도 더 구매하고 이제는 더 이상 구매하지 않게 됐다.

비건 지향을 결심하고 이런저런 아이템을 찾아보다가 녹두가 주성분인 식물성 대체 계란이 있다는 걸 알게 됐다. 너무 궁금했다. 마침 우리나라에서 제조한다는 기사를 접하고는 제품의 국내 출시를 꽤 오랫동안 기다리다 마침내 식물성 대체 계란을 먹어보게 되었다. 녹두로 만들어진 그 대체 계란은 우유팩이나 테트라팩에 담겨 있을 거라는 내 예상을 뒤엎고, 플라스틱 병에 담겨 있었다. 한 병으로 계란말이 두 번 정도 해먹을 수 있는 양이었는데, 계란말이 두 번마다 플라스틱 쓰레기 하나를 만들게 되는 것이다. 물론 분리수거를 잘하겠지만, 플라스틱은 만들어질 때부터 탄소를 배출한다.

식물성 계란의 오믈렛 제품은 샌드위치에 넣기 좋게끔 네모난 계란 지단의 형태인데, 이게 또 한 장 한 장 소중하게 비닐 포장되어 있었다. 오믈렛은 종이 상자에 네 개가 들어있었다. 계란 알레르기 때문에 태어나서 계란을 제대로 먹어본 적 없는 아이를 위해 계란말이도, 계란 토스트도 만들어줄 수 있었다. 녹두로 계란과 꽤 유사한 맛을 구현해낸 제품이었다. 아이도 남편도 나도 맛있게 먹었다. 하지만 그 뒤로 다시 구매하지는 않았다. 환경을 위해 육식을 멈췄는데 그 빈자리를 채우기 위해 플라스틱 통에 담긴 식물성 계란을 먹는 건 과연 환경에 좋은 것일까라는 생각이 들어서이다. 알레르기 때문에 계란을 못 먹는 사람에게는 좋은 대안일 수 있겠다. 덕분에 우리 아이도 계란 토스트라는 걸 먹어볼 수 있었으니까. 그렇지만 나는 내 아이에게 알레르기가 없다면 작은 농장에서 판매하는 자연 방사 유정란을 택해 아주 가끔 먹이는 편을 택하고 싶다. 꼭 먹어야 한다면 말이다. 만들 때도 유해가스가 생성되고, 썩지도 않는 플라스틱을 만들어내고 싶지는 않다.

채식을 시작하고 얼마 안 되었을 때 이런 생각을 한 적이 있다. 글 소재로도 좋겠다고 생각한 것인데, '요즘은 채식하기 좋은 시대다. 대체할 음식이 많으니'였다. 실제로 '비건 OO'으로 대체 음식이 많아졌다. 그중 비건 버터는 내가 먹던 버터 맛 그대로였고, 대체육도 대체계란도 이 정도면 진짜라고 해도 될 만한 맛이었다. 이런 제품들이 있으니 나의 비건이 그렇게 어려울 것 같지는 않았다. 그런데 채식을 3년쯤 유지한 지금은 생각이 조금 달라졌다. 식물성 버터, 식물성 대체육, 식물성 계란 및 비건 도시락, 비건 아이스크림 등 다양한 비건 음식들 모두 공장에서 만들어진다. 공장식 축산, 공장식 낙농의 몸집이 커지지 않기 위해서는 비건 인구가 많아질 필요가 있다. 소비가 없으면 생산도 감소할 테니까 그렇다. 하지만 비건이라는 그 단어 자체에 매몰되어 공장에서 만들어진 가공품으로 비건을 유지하는 건 내 몸에도, 환경에도 그다지 좋은 선택이 아니다.

육류나 유제품과 유사한 맛을 내기 위해 고도로 가공하고 첨가물 넣고 만든 것들이다. 가공식품은 동물성이든 식물성이든 건강에 좋지 않다. 내 입에, 내 아이의 입속으로 어떤 음식이 들어가는지 엄마인 내가 정확히 알지 못한다. '내가 먹는 것이 곧 나'라고 한다. 내가 무엇을 먹었는지 알 수 없으니, 내가 어떻게 될지도 알 수 없다. 제철 곡물, 채소, 과일을 적극 이용해서 요리하고, 가끔 계란이 들어간 빵을 먹거나, 치즈가 들어간 피자를 먹어서 날라리 비건, 나일론 비건이라고 할 수도 있겠지만,

Vegan Food

veggie patty
veggie cheese
vegan butter
Oat milk latte &
soy milk latte

공장식 비건은 되고 싶지 않다.

어느 스웨덴 요리를 하는 레스토랑에서 칙피 샌드위치를 먹었던 기억으로 얼마 전 병아리콩을 사다가 버거 패티를 만들었다. 처음이라 잘 뭉쳐지지도 않고 색깔도 허연 것이 패티라고 부르기도 민망했지만 6살 어린이는 쌍 엄지 척을 내보이며 병아리콩 패티로 만든 샌드위치를 너무나 맛있게 먹었다. 대체육으로 만든 버거에서 대체육 패티만 골라냈던 아이가, 엄마가 만든 병아리콩 패티는 너무나 맛있게 먹었다. 마트에서 사 오기만 하면 되는 것에 비해 불리고 삶고 갈고 굽고… 귀찮은 일이기는 하지만 한 번 만들어두면 냉동실에 얼려두어 세 식구가 샌드위치를 두세 번은 해먹을 수 있다. 플라스틱 쓰레기도 생기지 않고, 무엇보다 아이가 너무 잘 먹으니 또 병아리콩을 물에 불릴 수밖에.

과정이 사라진 육식

―보기좋게 포장된 육가공품들

요즘은 잘 볼 수 없는 풍경이지만, 내가 어릴 때 그러니까 1990년대 초반쯤 우리 동네 정육점에는 빨간 불빛 아래 털을 제거한 소나 돼지의 일부 몸뚱이가 걸려 있었다. 붉은 조명은 고기의 빛깔을 더 붉게, 그래서 신선해 보이도록 만들었다. 엄마 심부름으로 슈퍼를 가려면 그 정육점을 지나야 했는데 어린 나는 그 앞을 지나가는 게 왠지 조금 무서웠던 기억이 있다.

마트 정육 코너에는 하얀 스티로폼 트레이에 잘 썰어진 육류들이 포장된 채 진열되어 있다. 이런 상태만 봐서는 이 재료들의 처음을 떠올리기란 쉽지 않다. 보기 좋게 잘 포장된 육류는 쉽게 구매를 촉진하고, 덕분에 육류 한 덩이를 사면 스티로폼 트레이와 습기 제거제, 비닐랩이라는 폐기물 또한 자동으로 따라온다. 육류는 유독 가공식품이 많다. 가장 쉽게 떠오르는 역사가 오래된 소시지부터 햄, 육포, 돈가스, 너깃, 미트볼 등 원재료의 형태를 잊게 만드는 것이 많다. 이런 공장식 축산과 공장에서 만들어진 육가공품들은 싼 가격과 간편함으로 육식의 소비를 쉽게 늘어나게 했다.

《어느 채식 의사의 고백》 저자 맥두걸 박사는 사탕수수 농장 노동자들의 건강을 위해 근무했던 시기가 있었는데, 그때 한 가지 사실을 알게 되었다. 그곳의 이민자들은 대부분 한국, 중국, 필리핀 등 아시아에서 온 이민자들이었는데 이민 1세들은 미국 땅에 와서도 기존의 녹말 위주 식사를 했고, 2세 3세들은 그들 나라의 식단을 버리고 미국식 식단을 따랐다고 한다. 그 결과 이민자 1세대는 90세가 넘어도 어떤 약도 먹지 않은 것에 비해 이민자 2세 3세들, 특히 3세들은 심각한 비만과 질병에 노출되어 있었다. 맥두걸 박사가 의사 생활을 하며 본 백인 환자들의 질병과 일치했다는 것이다.

우리나라에 서구식 식문화가 보편화되자 그동안 아시아권에서 드물던 질병이 늘어나고 있다. 특히 우리나라가 세계 대장암 발병률 1위 국가라고 한다. 그 이유로 인구의 고령화, 서구식 식습관, 대장내시경의 높은 접근성으로 인한 초기암 발견 증가를 꼽는다. 대부분 60대 이상의 연령에서 발견되었던 대장암이 서구화된 식습관으로 인해 최근 젊은 연령대에서도 많이 발견되고 있다.

나는 체중 변화가 적은 편이다. 갑자기 3~5킬로그램이 늘거나 줄거나 할 일이 없다. 그런데 임신 기간을 제외하고 딱 한 번 갑자기 5킬로그램이 늘었던 시기가 있었다. 대학교 3학년 겨울 방학 때 2개월 동안 미국 샌디에이고로 어학연수를 갔었다. 기숙사에 있었기에 한국식 식사를 해먹을 수 없었고, 기숙사 식당이나 캠퍼스 내 식당에서 치즈가 들어간 타코, 햄버거 같은 패스트푸드를 자주 먹었다. 그때는 유제품을 실컷 먹을 수 있다고 오히려 좋아했었다. 이런 미국식 식사는 2개월 만에 체중을 5킬로그램이나 불어나게 했고, 함께 간 친구는 나보다 몸무게도 적게 나가고, 원래 체구가 작았음에도 체중이 8킬로그램이나 늘었다. 정상적인 체중 증가가 아니었음은 분명하다. 그리고 미국 사람들 사이에 있으면 5킬로그램이나 늘어났음에도 날씬하게 느껴졌다. 체중은 한국에 돌아와 녹말 위주의 식단을 다시 섭취하면서 별다른 노력 없이도 다시 원래의 몸무게로 돌아왔다.

고도로 가공된 음식과 패스트푸드 시스템은 우리 몸에 결코 좋은 것이 아니다. 마트에 정육점이 없다면 우리는 어떤 과정을 거쳐야 동물성 식품을 먹을 수 있을까. 산이나 들을 헤매며 사냥감을 찾고, 어떤 도구들을 이용해서 내 손으로 잡아야 한다. 털도 제거해야 하고, 살도 도려내야 한다. 공장식 축산업 덕에 내가 직접 사냥감을 찾으러 다닐 일은 없어졌지만 그 이후의 나머지 모든 과정은 다른 문제점을 낳는다.

수요는 공급을 만들고, 공급하는 이들은 실제 수요의 2~3배를 생산한다. 그리고 마케팅에 돈을 써서 더 많은 수요가 일어나게 한다. 소나 돼지 같은 동물이 만들어내는 메탄가스의 양은 지구의 자정 능력으로는 해결 불가능한 상태가 된 지 오래이다. 메탄가스는 온실효과의 주범이고, 점점 상승하는 기온은 폭염과 폭우, 강해진 태풍 등을 유발해 각종 재난을 만들어내고 있다. 내 식탁에 올라온 고기반찬이 어떤 재난으로 돌아올지 생각해 봐야 한다. 우리 아이들이 지금의 내 나이가 되었을 때 조금 더 안온한 삶을 살 수 있게 지금을 보살펴야 한다.

다른 생명을 대하는 태도

—님아 그 동물원에 가지마오

동네 광장에서 남편과 아이랑 놀고 있을 때였다. 광장 바로 앞에 사는 친구와 친구 딸을 우연히 만났다. 근처에 있는 앵무새 카페에 가려고 나왔다 한다. 아이는 남편과 잘 놀고 있어서 친구랑 얘기도 할 겸 앵무새 카페 가는 길까지만 동행했는데, 그 길이 너무 짧아서 커피도 마실 겸 앵무새 카페에 같이 들어갔다. 카페는 1인당 입장료를 내야 들어갈 수 있었고 음료는 입장료와 별도로 비용이 발생했다. 앵무새를 각자의 테이블로 갖다주면 먹이를 먹이거나 손에 올려놓을 수 있고, 일정 시간이 지나면 다른 앵무새로 교체해 주는 식이었다. 홀 안에는 토끼 몇 마리도 있었다. 우리가 앉은 테이블에도 하늘색 예쁜 빛깔의 앵무새가 왔다. 어쩜 이렇게 예쁜 빛깔을 내는 걸까 하고 유심히 쳐다보니 일자로 뚝 잘린 날개깃이 보였다. 그때 푸드덕하고 앵무새가 날아오르는 듯하다 땅으로 내려앉았다. 아, 날지 못하도록 깃을 잘라낸 것이구나. 계속 하늘을 날아다니면 체험하러 온 손님들이 앵무새를 만지거나 먹이 체험을 못 할 테니까. 잘 걷던 사람에게서 두 다리를 빼앗은 것과 다르지 않다고 생각했다. 훨훨 자유롭게 날아다니던 새가 어느 날 갑자기 날 수 없게 된 것이다.

어린이대공원 근처에 살았던 적이 있어서 어린이대공원 동물들을 종종 보곤 했는데 그곳에 있는 호랑이는 우리 안을 계속해서 빙글빙글 돌고 있었다. 쉬지 않고 돈다. 마치 쳇바퀴를 돌고 있는 다람쥐처럼. 넓은 산속을 종횡무진 자유롭게 달려야 할 맹수가 좁은 우리에 갇혀 유리벽을 사이에 두고, 사람들이 바글바글 자신을 쳐다보고 있다. 이는 분명 커다란 스트레스 요인일 것이다. 드라마 〈이상한 변호사 우영우〉에서는 학원에 갇힌 아이들을 데리고 산에서 놀다 온 방구뽕 씨를 재판하는 중, 우영우의 상상 속에는 수족관에서 갇혀 지내서 등지느러미가 휘어있는 범고래가 나온다. 수족관에서 사육당하고 있는 범고래는 지느러미가 휘어져 있다. 이에 따른 가설은 좁은 수족관에서 빙빙 돌 때 한쪽 방향으로 회전 압력을 받아 등지느러미가 휘어졌다는 주장, 과도한 사육과 식단 변화로 스트레스 받아서 휘어졌다는 주장 등 여러 가설이 있지만, 단 하나 확실한 건 야생의 범고래들 중에서는 등지느러미가 휜 범고래는 1퍼센트 미만이라는 것이다. 그리고 야생의 범고래의 수명은 인간과 비슷하지만, 수족관 생활을 하는 범고래의 수명은 20~35년이라는 것이다.

아이가 실제 동물을 보고 다양한 체험을 해봤으면 하는 부모 마음과 그 마음을 이용해 돈을 벌고 싶은 업체들로 인해 최근 많은 체험형 동물원이 주렁주렁 생기고 있다. 동물들이 스트레스 환경에 자주 노출되는 것이다. 꼭 실제로 보여주고, 만져보게 하는 것이 좋은 교육일까? 어차피 이 세상에는 살면서 한 번도 못 보는 동물들이 너무 많다. 그들이 가장 자연스러운 환경에서 살아갈 수 있도록, 인간이 만들어놓은 구조물이나 빛 공해로부터 동물들의 삶이 위협당하지 않도록 애써야 하는 것 아닐까? 그게 아이들에게 더 좋은 본보기 교육 아닐까?

결혼하기 전, 지금의 남편과 데이트를 하고 집 근처에 도착했을 때 걸음걸이가 이상한 새끼 고양이를 발견했다. 다친 상태로 그냥 두면 안 될 것 같아서 24시간 하는 병원을 찾아 데리고 갔다. 새끼 고양이의 다리는 부러진 상태였고 작은 철심을 박는 수술을 했다. 그때 그 고양이는 지금 우리 집 12살 첫째 고양이로 건강하게 잘 지내고 있다. 둘째 고양이는 외로움을 많이 타는 첫째 고양이에게 친구를 만들어주기 위해 몇 해 전 유기묘 카페에서 입양했다.

고양이 때문에 비건을 결심한 건 아니지만, 비건을 지향하다 보니 어떤 동물은 사람들과 함께 따뜻한 집에서 사랑받기 위해 태어났고, 어떤 동물은 음식 재료가 되기 위해 태어난 것인지 의문이 들었다. 또 어떤 동물은 자유롭게 원래의 서식지에서 약육강식 세계를 고군분투 헤쳐나가지만 또 어떤 동물은 좁은 케이지나 수족관 안에서 입장료를 위해 존재한다. 전 지구적 관점에서 보면 인간도 동물인데 고등동물이라는 이유로 하위 동물을 소유하고 거래하고 사육하고 죽이고 먹고 이래도 되는 것일까? 과연 인간에게 누가 이런 힘을 부여했을까? 인간과 동물의 관계성을 새롭게 고민할 필요성이 있다. 그리고 그 새로운 관계성을 고민하는 일이 비건인이 할 일이라 생각한다. 육식을 안 하는 것도 비건이지만 동물을 착취한 상품이나 서비스, 동물성 원료가 들어가 있는 제품을 회피하는 것 또한 비건이다. 식습관을 바로 바꾸기 어렵다면 동물원이나 수족관 안 가기, 농장에서 먹이 체험 안 하기 등으로 아이가 다른 생명에 대해, 동물보호에 대해 생각해 볼 수 있게 하는 건 어떨까?

PARADIZOO

비건 제품은 모두 친환경인가요?

요즘 '비건'이란 단어를 앞에 달고 나오는 제품이 많다. 동물성 실험을 하지 않고 동물성 원재료를 사용하지 않은 제품에 비건을 붙인다. 생일이었던 올해 3월, 카카오톡 선물하기를 통해 여러 선물을 받았다. 평소에 '비건' '제로 웨이스트'를 많이 외치고 다니긴 했나 보다. 다들 약속이나 한 듯 비건이란 글자가 붙은 선물 또는 샴푸바 같은 플라스틱 프리 제품을 선물해 줬다. 친구 한 명은 과일 한 박스를 보내주었다. 이 선물 역시 내가 비건임을 고려한 선물이었다.

불과 1~2년 전만 해도 비건을 내세운 브랜드가 거의 없었는데 어느새 이렇게 너 나 할 것 없이 비건 제품을 만들어내고 있다. 다소 놀랍고 신기했다. 선물 받은 내역에 주소를 입력하자 2~3일 내로 선물들이 도착했다. 비건 립밤, 비건 핸드크림, 하나를 사면 나무 한 그루가 심어진다는 샴푸바 등 대부분 친환경 종이 완충제 포장이거나, 불필요한 완충포장 없이 배송되어졌다. 다만 그중 하나였던 비건 립밤은 브랜드 카탈로그와 샘플 화장품이 들어있어서 작은 립밤 하나에 딸려온 원치 않은 쓰레기가 좀 많다고 느껴졌다.

어렸을 때 우유에 사또밥 말아먹는 걸 참 좋아했다. 얼마 전 맥주를 사러 간 남편이 집에 들어오면서 "사또밥에 Vegan 마크가 찍혀있더라? 이거 봐"라고 말하는 게 아닌가. 정말로 사또밥 봉지 한쪽에는 제법 큼지막하게 연두색으로 'Vegan'이라고 쓰여 있었다. 비건 인증을 받은 제품에 주어지는 마크였다. 우리 아들은 여러 가지 알레르기가 있는데 그중 계란, 유제품 알레르기가 있다. 대부분의 과자에는 우리 아이가 알레르기 반응을 일으킬 성분이 들어있다. 비건 마크가 붙었다는 건 적어도 알레르기 반응을 일으킬 확률이 낮은 것이기에 남편은 아들 먹으라고 반갑게 사 왔을 것이다. 사또밥은 우리가 먹던 그 시절에도 어떠한 동물성 재료도 들어가지 않았던 모양이다. 비건 인증 마크를 더함으로써 브랜드 이미지가 더 좋게 보인다.

요즘 친환경에 대한 가치 소비를 지향하는 소비자가 많아지고 있다. 실제 MZ 세대를 대상으로 실시한 조사에서 환경에 도움이 되는 제품을 비용이 더 들더라도 구매할 의사가 있는지 물어본 적 있다. 85퍼센트의 사람들이 "그렇다"로 답했다. 그래서인지 여기저기 너도나도 '비건', '친환경'으로 마케팅하고 있다. 과연 이런 기업들이 모두 녹색 경영을 하는 것일까? 물론 앞서 언급한 사또밥을 만드는 기업이 친환경 기업이 아니라는 뜻은 아니다. 다만 유탕처리 과자 대부분이 그렇듯 '팜유'로 튀긴다. 이 팜유의 원재료는 인도네시아나 말레이시아 같은 열대우림 지역에서 자라는 기름야자나무의 열매이며, 다른 식물성 오일에 비해 기름 추출양이 가장 많아 값이 저렴하다. 많은 수요를 충당하기 위해 다국적 대기업들은 농가와 계약을 맺고 열대우림을 밀어내고 끝이 보이지 않는 야자 농장을 세우고 있다. 열대우림 내 생물다양성이 무너지고 있는 것이다. 최근에는 지속 가능한 팜 농장을 위해 환경단체와 지역이 노력하고 있다 한다. 그렇다고 해도 계속해서 팜유 소비가 증가한다면 열대우림은 기름야자나무로만 뒤덮일지도 모른다.

실제로는 친환경적이지 않지만 허위 과장을 더해 친환경적인 것처럼 보이게 하는 마케팅 수법을 '그린워싱'이라고 한다. 2022년은 스타벅스가 50주년이 되는 해였다. 스타벅스는 50주년 기념 다회용 텀블러를 제작해 무료로 배포하였고, 많은 사람이 줄을 서서 행사에 참여했다. 이 행사를 위해 몇 개의 다회용 플라스틱 컵이 생산되었을까? 몇 천 개? 몇 만 개? 그것은 스타벅스가 100주년이 돼도 이 지구상에 썩지 않고 남아 있을 것이다. 스타벅스는 맛이 아닌 브랜드 이미지로 커피를 파는 브랜드다. 친환경을 실천하는 기업으로 보이기 위해 생분해 비닐포장과 종이 빨대를 제공하기 시작했다. 대형 프랜차이즈 카페들 중 1등으로 시행했을지 모른다. 그런데 스타벅스에서 2020년 한 해에만 약 500여 종의 굿즈를 판매했다고 한다. 굿즈의 대부분은 플라스틱, 비닐 소재이다. 이 정도면 종이 빨대와 생분해 비닐은 녹색경영을 하는 척, 즉 그린워싱으로밖에 보이지 않는다.

최근 그린워싱 논란이 있었던 어떤 화장품 브랜드는 'Hello, I'm a paper bottle'이라고 적힌 종이 병 앰풀을 출시했는데 종이를 갈라보니 플라스틱 병이 들어있어 논란이 됐다. 그 화장품 회사는 플라스틱 병의 중량을 줄이고, 캡 부분에 재활용 페트를 10퍼센트 사용해서 플라스틱 사용량을 줄인 것이었는데 네이밍에 있어서 오해가 발생할 수 있음을 간과했다고 해명했다. 그럴 거면 종이를 왜 사용했을까? 차라리 그냥 플라스틱 용기의 중량을 줄였으니 '더 가벼운' 같은 수식어로 네이밍 했다면 종이라도 아꼈을 것이다. 그야말로 눈 가리고 아웅 아닌가.

최근 출시되는 화장품에는 '비건 토너'니 '비건 크림'이니 하는 비건 제품들이 유독 많다. 프로폴리스나 스쿠알렌, 콜라겐 등 동물성 재료를 사용하지 않았고 동물 실험을 하지 않았다는 건 동물복지 측면, 생물다양성 보존 측면에서 분명 가치 경영에 해당한다고 말할 수 있다. 하지만 기업이 환경적인 가치를 추구하는 기업인지 아닌지 구분하는 장치가 비건 인증 하나로는 부족함이 있다. 화장품 용기 중에는 플라스틱도 너무 많고, 복합소재로 이루어져 분리수거 안 되는 제품들이 부지기수다. 동물성 재료를 안 썼다는 것만으로 친환경 제품인 척, 녹색경영하는 기업인 척한다. 이를 구분하고 상세히 파악할 필요가 있다.

동물의 가죽이 아닌 사과 껍질, 옥수수 섬유 등의 가죽으로 만든 신발이나 가방 제품에도 '비건' 수식어가 붙고 있다. 나도 비건 지향 이후 구매한 스니커즈가 있다. 오가닉 Organic 면과 천연고무로 스니커즈를 만드는 'VEJA'라는 브랜드에서 구매했었다. 그런데 나중에 알고 보니, 해당 브랜드에서 생산되는 제품들 모두 비건 가죽을 사용하는 건 아니었다. 하필 내가 구매한 제품은 소가죽이 사용된 제품이었다. 구매할 때 소재까지 확인을 안 한 탓이었다.

현실적으로 이 세상 모든 사람이 비건 제품을 사용하고 채식할 수 없다는 건 알고 있다. 하지만 작은 선택일지라도 환경에 해를 덜 끼치는 방향으로 기준을 세우면 어떨까? 내 기준은 기능을 다한 뒤 매립되거나 소각될 때 유해한 성분을 발생시키는지 그 여부에 있다. 소비를 꼭 해야 하는 아이템이라면 이런 기준이라도 세워 이왕이면 환경에 좀 더 나은 쪽으로 선택하고 싶다.

비건은 적어도 내 의지로 가능하지 않을까?

먹고사는 일 자체가 쓰레기를 만들어내는 일이었다. 프로듀스 백을 챙겨 마트에 갔지만 야채는 온통 비닐에 쌓여 있고, 과일은 플라스틱 통이나 스티로폼에 들어있다. 파프리카 브로콜리 단호박 감자 당근 정도는 쌓아놓은 것을 비닐에 담아 가도록 되어있었다. 브로콜리나 파프리카 같은 경우는 굳이 비닐에 담을 필요가 없으니 바로 카트에 옮겨 담았지만, 마늘 양상추 깻잎 같은 잎채류는 이미 비닐에 담겨 있었다. 한번은 견과류의 무게를 달아 판매하는 매장에서 아몬드를 프로듀스 백에 담아달라고 하자, 식품위생법을 운운하며 난색을 표하더니 그냥 무게당 가격이 출력된 스티커를 비닐에 붙여주었다. 기본적인 쌀과 양념도 모두 비닐이나 플라스틱통에 담겨 있다. 내 의지와는 상관없이 장만 봐도 속수무책으로 늘어났다. 먹을 것만

샀는데 말이다.

제로 웨이스트 실천이 쉽지 않다고 느끼고 있었다. 그러다가 육류 섭취를 줄이는 게 기후 위기를 해결하는 데 큰 효과가 있다는 내용을 접했다. 쓰레기를 줄이는 건 내 의지만으로 쉽지 않은 일이지만, 먹는 것을 선택하는 일은 내 의지로 가능할 것 같았다. 완벽한 비건 한 명보다 불완전한 비건 열 명이 환경에 더 도움 된다는 얘기를 들으니 좀 더 가벼운 마음으로 시작할 수 있었다.

채식에 대한 공부를 하고, 채식 습관으로 인해 발생할 결핍에 대해서도 공부했다. 다큐멘터리도 보고 책도 읽었다. 다큐멘터리에서는 운동선수 네 명에게 각각 다른 부리토를 먹게 한 뒤, 1시간 뒤에 혈액을 채혈하여 살펴봤다. 소고기가 들어간 부리토, 돼지고기가 들어간 부리토, 닭고기가 들어간 부리토, 채소로만 만든 부리토 이렇게 네 가지의 부리토를 선수들에게 먹인 결과는 어땠을까? 두 가지로 다르게 나타났다. 소고기, 돼지고기, 닭고기가 들어간 부리토는 선수의 혈액을 마치 푸딩이나 젤리처럼 진득하게 만들었다. 채소로만 만든 부리토는 선수의 혈액을 물처럼 찰랑거리게 만들었다. 그리고 이어진 설명은 운동선수의 기량이 늘어나게 되는 원리였다. 운동을 하면 근육에 손상이 생기는데 그 손상이 회복되면서 근육이 더욱 발달하게 된다는 것이다. 그런데 손상 회복은 혈액이 얼마나 빨리 비타민 등의 영양분을 근육에 전달하느냐이다. 찰랑거리는 혈액이 빨리 움직일지, 푸딩 같은 혈액이 빨리 움직일지 굳이 혈관 속을 들여다보지 않아도 알 수 있다.

며칠을 채식에 대해 공부하면서 조금씩 육류를 줄였다. 일단 방탄 커피를 끊었고, 다음에는 소고기, 그다음에는 돼지고기를 끊었다. 자주는 아니었지만 닭고기나 오리고기를 먹기도 했다. 채식을 시작하고 1년쯤 지났을까? 닭고기를 먹게 됐는데 닭 냄새가 좀 불편했다. 양념을 했고 여러 채소와 같이 먹는 거였는데도 닭 냄새가 좋지 않았다. 그 뒤로는 모든 육류를 먹지 않고 있다. 내가 먹지 않고자 하면 누구도 나에게 먹으라고 강요하지 않는다. 덕분에 나는 내 의지대로 환경을 위해 실천했다. 동물권이 보였다. 먹을 것으로 보지 않으니 하나의 생명이었다. 우리 집에서 왔다 갔다 하는, 내 무릎에 올라오는 우리 집 고양이처럼 소도 돼지도 닭도 오리도 양도 모두 생명이었다. 공장식 축산업의 폐해인 소 돼지만 피하면 되는 걸까? 너른 대지에서 신선한 풀을 뜯어 먹고, 스트레스 없이 자란 소 돼지 닭은 먹어도 되는 생명인가?

어느 베지테리언을 위한 음식을 파는 카페에는 이런 문장이 적혀 있었다.

I'm a hen. Not chicken.

I'm a pig. Not pork.

I'm a cow. Not beef.

어떤 이름으로 그들을 불러야 할까? 어떤 이름으로 이 생명들을 부를지는 내 의지에 따라 달라질 수 있다. 우리는 인간이기에 선택할 수 있다.

I'm a hen, NOT chicken.

I'm a pig, NOT pork.

I'm a cow, NOT beef.

본문에서 인용한 책

*언급된 순서를 따름

2장

이시하라 유우미, 박혜정 역, 《생강홍차 다이어트》, 중앙m&b, 2003

《SSSSL[:쓸] : vol.5 [2019]》, ㈜제로마켓, 2019

줄리 칼슨, 마고 거럴닉, 박여진 역, 《수납 공부》, 윌북(willbook), 2018

3장

비 존슨, 박미영 역, 《나는 쓰레기 없이 살기로 했다》, 청림Life, 2019

4장

존 맥두걸, 강신원 역, 《어느 채식의사의 고백》, 사이몬북스, 2022

이의철 저, 《조금씩 천천히 자연식물식》, 니들북, 2021